JN128498

はじめに

本書は、全国の発芽・育苗名人たちの播種から定植までの「苗管理」のコツと裏ワザを集め、果菜類、葉茎菜類、ネギ類、イモ類、マメ類別に整理しました。

それぞれのタネがもっている「寿命」（発芽できる期間）を知って、間違いなくムダなく発芽させるコツ（三〇ページ）や、徒長苗でも「寝かせ植え」することで増収可能な苗に変えるワザ（エダマメ、一一五ページ）、マメ科は砂を主に、ナス科なら粘土を中心にするなどタネの性格にあわせた育苗培土のつくり方（四二ページ）、セル苗のかん水ムラがひと目でわかる鹿沼土を使った覆土の工夫（九七ページ）、さらには直売所でよく売れる「遅出し長期出荷苗」づくりのヒント・アイデア（一三二ページ）など、盛りだくさんの工夫や内容をおさめました。

このほか、「タネ袋に〇〇㎖入っていれば何粒？」「市販のタネはすべて種子消毒済？」など、育苗にまつわる素朴な疑問に答えるコラムも、苗やタネの基本知識を押さえるうえでお勧めです。

育苗は難しそう、面倒と思っている人も真似できるワザやコツが一杯。そのワザやコツを活かせば、苗代の節約はもちろん、生育もびしっと揃って増収だって可能です。人気のイタリア野菜や伝統野菜など、ちょっと難しそうと敬遠していた品目もこれでグッと身近になるかもしれません。

本書が少しでも皆様の野菜づくりをより愉しく、優しく、面白くする一助になれば幸です。

二〇一九年二月　一般社団法人　農山漁村文化協会

目次

第2章 苗づくりのコツと実際

果菜類

葉茎菜類

葉茎菜類

発芽の揃ったコマツナ

苗づくりは芽出しから

芽出し播きのコツ

神奈川県南足柄市●千田富美子

筆者。畑は2反弱

農業を始めた当初はうまく芽が出なかった野菜も、芽出し播きのコツをつかんで悩み解決。

ホウレンソウはほとんど出なかった

循環型有機農業を模索しながら、東北から神奈川県に移ってきて一〇年が経ちました。今は野菜・米・茶を有機栽培し、地域の中で直接宅配しています。

十～三月はハウスの中での葉物栽培が主になります。ハウスの中の限られた面積を効率よく回転させるには、ウネにタネを播いてからの発芽が早く、揃っていることが必要だと思いました。しかし、はじめの頃は畑の土がまだよくできていないこともあってか、なかなかうまく発芽してくれませんでした。畑を見ると、あちこちが〝ハゲ状態〟。特にホウレンソウがひどく、ほとんど芽が出なかったように思います。セルトレイで芽出しもしてみましたが、土を詰めるのも、移植するのも面倒です。そのうえ、やはりまだうまく芽が出ないこともありました。

葉物は冷蔵庫の中にタネを播く

そんなとき、「タネを水に浸けたあと冷蔵庫に入れると、発芽が揃うだけでなく生育も早い」という『現代農業』の過去の記事を見つけました（一九九五年七月号）。夏の高温対策のようでしたが、別の記事（九四年一月号）では、冬でもホウレンソウを冷蔵庫に入れている人がいて、ヤロビ（催芽種子の低温処理）のことが書かれていました。

さっそく、ホウレンソウ・コマツナ・キョウナ……、うちにあるタネを使って試してみました。数日後、冷蔵庫をのぞくとタネに根が出ていて、それを播いてみると二、三日で芽が出ました。それからは葉物の収穫が終わるかなと思う頃に、次の作に備えて「冷蔵庫の中にタネを播く」ことにしています。

オクラは布に包んで土に埋めて芽出し

タネは可能なものは自家採種をしています。オクラもそのひとつで、「播くのはこのあたりだと五月上旬。一晩水

――豆腐パックが大活躍

タネをひたひたの水に一晩浸けておく（写真はホウレンソウのタネ）

布の上にタネをあける

包んでまた豆腐パックに戻す

葉物のタネ処理

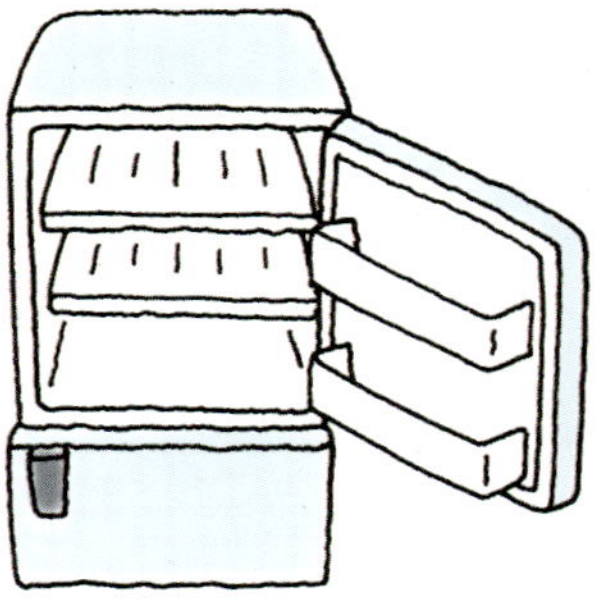

袋に入れて冷蔵庫へ

野菜ごとに豆腐パックにタネを入れ、重ねる

2、3日すると、根が出てくる。これを播く

葉物のタネの播き方

水に浸したタネは、手にくっついて離れない。粒同士もくっついてしまい、どうしても厚播きになってしまう。そこでタネと土を混ぜる

タネ処理してから播いたホウレンソウ。芽が出かかった種子を播いたので、右の写真と同じ日に播いたのに、生育が早い。それからヤロビ（種子が外界からもっとも影響を受けやすい幼芽期にわざと寒さに当てて、作物の性質を変えること）の効果もあるかも。寒さや病気に強くなる

タネ処理せずにそのまま播いたホウレンソウ

に浸けたタネを直播きすること」と地域のお年寄りに教えてもらいました。その通りにしていましたが、発芽までに時間がかかりタネが乾いてしまうのか、毎回欠株の部分ができました。

四年前、畑に播ききれなかった分を別の畑に播こうと、水に浸けたあとのタネをまとめて布に包んで土の中に埋めておきました。後日掘り出したら全部のタネに根が少し出ていて、播いたら初めて欠株なしのウネができました。土の中は温度や水分が一定なので発芽が揃ったのだと思います。以来、土の中で根を出してから播くようにしています。

前回はタネの包みを畑の隅に埋めておいたことを忘れ、掘り出したら、根が布の目のあっちこっちから出ていて、まるでイガグリのようになっていました。どうなるか?と心配でしたが、数粒ずつそっと引っ張り出して植え穴の中に落とし、覆土しました。発芽に支障がないばかりか、生育も早く、背丈が五〇cmくらいから収穫が始まりました。イガグリ状態がよかったのか？　気候のせいか？　次もやってみようと思います。

ダイズは水分たっぷりの播き床で苗づくり

ダイズも自家採種しています。はじめの何年かは直播きして、ハト対策は「深播きして、出た芽の子葉が展開する前に土をかぶせる」（『現代農業』九七年一月号）をやっていました。しかし、これは発芽がいっせいに出揃ってのこと。不揃いだと土をかぶせるために朝、昼、夕と畑を見回

らないといけないので、土寄せに振り回されていました。

それでもハトにはかないません。

あるとき「ダイズの発芽を揃える」という内容の記事が新聞に載っていました。いわく「紙オムツが水を吸うとプルプル状態になる。その中に播くと、よい結果がでた」（『現代農業』二〇〇一年七月号にも掲載）。そこで給水ポンプのある畑に、幅一m、長さ一〇mの播き床をつくり、土に水をたくさん含ませてからダイズを播いてみました。五～六日後、見事に揃って芽が出たのには驚きました。

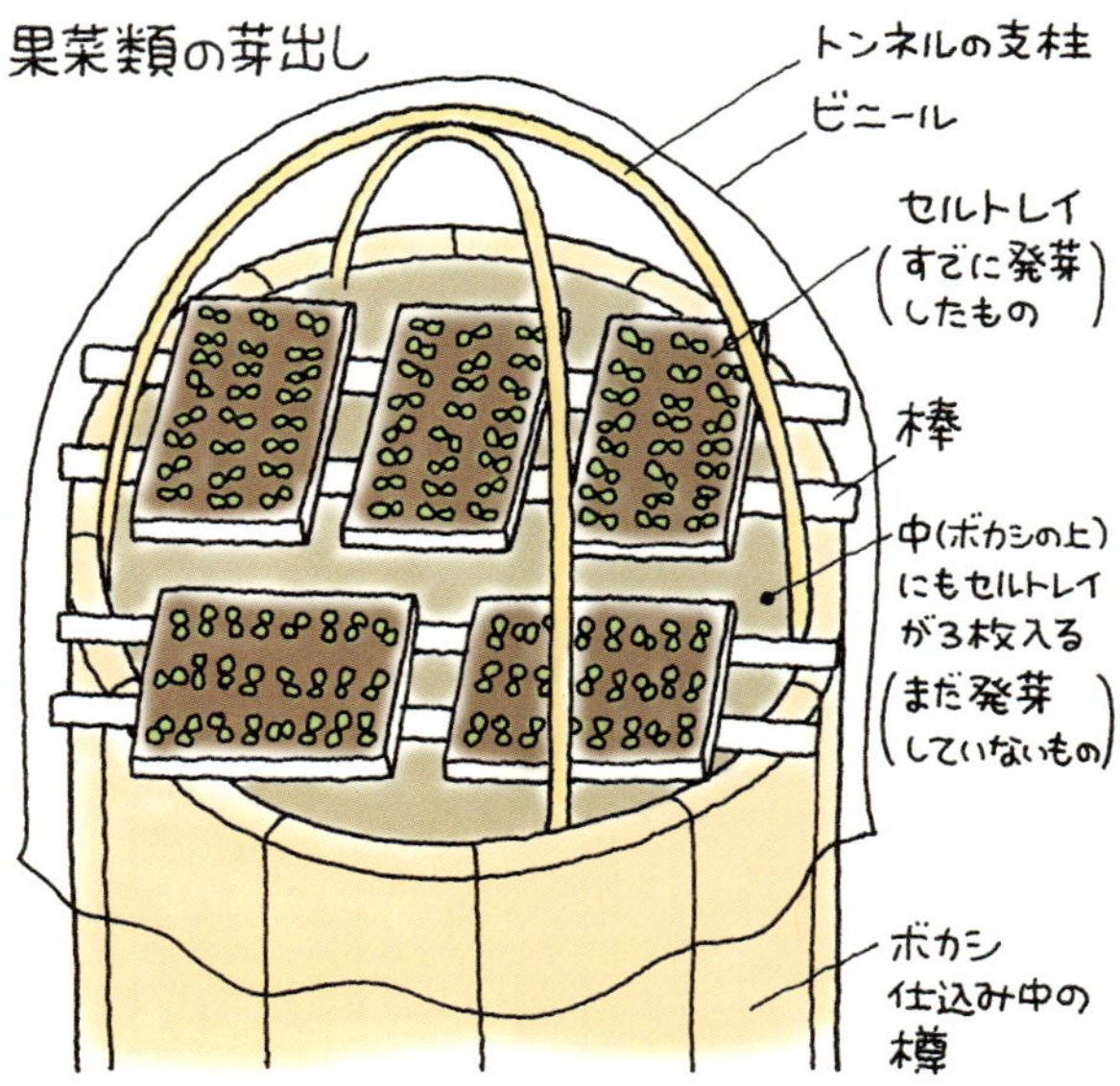

ボカシ肥料の発酵熱を利用して、小さな温室

播き床にタフベル（被覆資材）を被せておけば、ハトにもやられません。本葉が出はじめた頃に田んぼのアゼに定植し、エダマメとして販売したり、味噌づくり用の大豆にしています。

果菜類は土着菌ボカシの発酵熱を利用

三月に入ってからの果菜類の育苗は、はじめのうちは踏み込み温床でやっていましたが、落ち葉をたくさん集めるのはたいへんだし、温度を長く持続させるのも難しいと感じていました。毎冬、土着菌ボカシを仕込んでいますので、その発酵熱（五〇度以上の熱が一カ月は続きます）を利用してみようと、ボカシをつくっている樽（直径一一〇cm）の上にタネを播いたセルトレイを載せてみました。樽にトンネルの支柱を渡し、ビニールをかけると小さな温室のできあがり。トマトは四日目に芽が出ました。ナスもピーマンもきれいに揃って芽が出ます。土着菌ボカシは毎日かき回すので、トレイを元に戻すとき、発芽の様子がよく観察できます。

＊

こちらに来る前、東北でも小規模ながら野菜や米をつくっていましたが、温暖な神奈川での農業はそれまでの経験をゼロに戻して学んでいかなければならないことがたくさんありました。幸い地域の人たちや『現代農業』の知恵をいただいて、ここまで来ることができました。

現代農業二〇一〇年三月号

文丈な苗に育てれば後は無病息災

福島県いわき市●東山広幸

就農当初、苗で食いつないだ

私は二四年前に百姓を始めたが、始めた当初はまともな畑は借りられず、雨が降ると半月も水の引かない重粘土の土地か、耕耘機の鋤はおろかツルハシさえ刺さらないような石だらけの畑ばかりだった。なかなかいい野菜など育つはずもなかったが、百姓二年目のとき、自家用に多めにつくった夏野菜の苗が近所の農家の目に留まり飛ぶように売れた。それから数年間、野菜の販路が確立するまでは、季節限定とはいえ苗が貴重な収入源となった。

苗のありがたいところは、栽培条件をほぼ完全にコントロールできることだ。どんなに圃場条件が悪くても、床土と管理さえよければ理想に近い苗ができる。百姓を始めた当初の苗は、今から考えても完璧に近かった。圃場条件が悪いほどいい苗が必要だともいえるから、当然の結果だったかもしれない。

筆者。あちこち畑を借りて（約70a）、無農薬・無化学肥料でつくった多品目の野菜と米をお得意先に届ける

根菜以外、何でも育苗する

私は肥大した種子根を収穫する根菜類（ニンジン・ダイコン・ゴボウなど）以外はほとんど育苗する。コマツナやホウレンソウなどの菜っぱから、サトイモさえも育苗している。とくに菜っぱは苗で植えると虫食いが極端に少なくなり、同じ時期に播いたものと比べるとその差は一目瞭然だ。「東山さんは何を使って、こんなきれいな菜っ葉になるの？」と聞かれ、「苗をつくって植えるだけで、虫食いはずっと少なくなる」と教えてあげても誰も真似しようとしない。自分で試せばわかるはずだが、いまだに私が、堆肥にクスリでも混ぜていると思っている人がいて困る。

植物がもっとも弱いのは発芽直後。人間の赤ん坊と同じである。この一番か弱い時期に、虫や病気に侵されないよう管理して丈夫な苗に育ててやれば、後は無病息災で育つ可能性が高い。赤ん坊を路上に放置すれば確実に死ぬが、中学生ならホームレスでも何とか生きていけるということである。

異常気象の昨年、私のつくった野菜の中でもっともでき

ペーパーポット

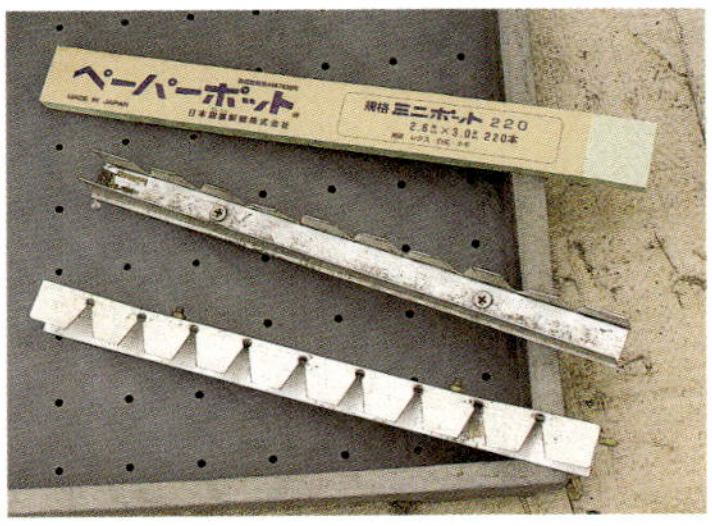

ペーパーポットの展開ぐしは市販のプラスチック製では簡単に破損するので、アルミのアングルを金切りバサミとドリルで加工して使っている

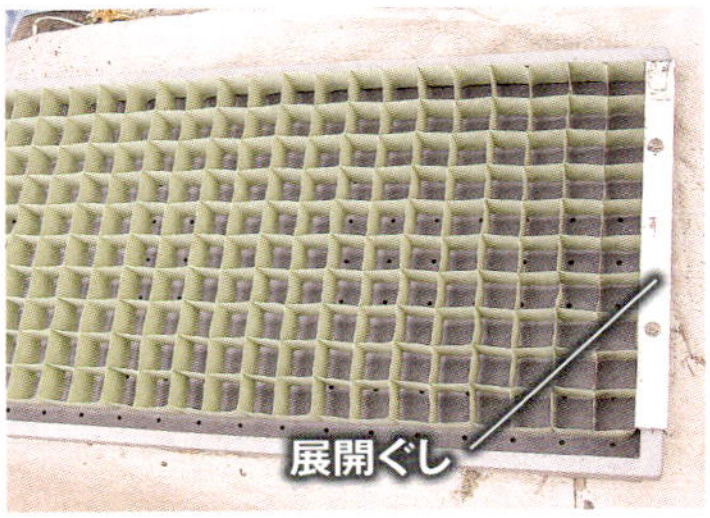

育苗箱の上で展開し床土を入れる。1つ1つ小さなポットにバラせるので定植作業が早い。ネギのように根鉢ができにくいものも土を崩さずに植えられる

私の床土

床土の材料。黒土（肥料袋16）、くん炭（モミガラ袋2/3）、モミガラ堆肥（ガラ袋2）、グアノ少々（なくても可）

私の床土（育苗培土）はふるった黒土にふるったモミガラ堆肥（2010年10月号参照。できれば再仕込みしたもの）とくん炭を混ぜるだけ。グアノ（有機リン酸肥料）があれば適量加える。

くん炭は必須で、素晴らしい徒長防止効果を発揮する。ある年くん炭を切らして、くん炭抜きで床土を作ったところ、キャベツのポット苗がえらく徒長した。くん炭を入れたところ治ったので、初めてくん炭の効果がわかった。床土が軽くなり水はけがよくなるのもありがたい。

マメ類の育苗には、コヤシ気はご法度なので、川砂にくん炭だけ混ぜて使う。

が悪かったのはニンジンとダイコンで、どちらも育苗できないものだった（ニンジンは高温干ばつ、ダイコンはダイコンサルハムシの大発生で枯死）。

断然、メリットが多い育苗

夏野菜の苗はわかるが、菜っぱの苗をつくるなど、そんな面倒なことバカバカしいという農家は多い。経営規模にもよるかもしれないが、私のような直売規模の農業ではメリットのほうがはるかに多い。

メリット

①**異常気象や病害虫に強い**……直播きよりも確実に生育する。芸術的に生育が揃い、収穫するのが惜しいくらい。

②**畑を無駄なく使える**……在圃期間が短くなるので、畑の回転効率が上がる。

③**収穫がラクになる**……大きさが揃い、直播きよりも疎植になる分、一本一本が大きく葉が厚くなって、単位面積あたりの収量は上がる。収穫・調製の手間が大幅に減って、時間の節約になる。これは大きい。

④**タネ代の節約になる**……間引きもしないし生育が揃うので、タネを無駄なく使える。間引きの手間も省ける。

⑤**発芽が揃う**……ハウスなら雨でも夜でもタネ播きができ、適期をはずさない。発芽率がよくなり発芽も揃う。

⑥**雑草に負けない**……定植時はすでに大きく育っているので、雑草との競争で圧倒的に有利に立てる。

⑦**肥切れしにくい**……在圃期間が短く疎植にもなるので肥切れしにくい。マルチ栽培ならなお肥持ちがいい。追肥しにくい有機栽培では助かる。

デメリット

①育苗培土やポットなどを用意しなくてはならない。作業能率の点から私はペーパーポットをよく使うが、消耗品なのでコストがかかる。

②定植に手間がかかる。定植時に乾燥していると乾燥害を受けやすいのでかん水が必要だ。

天候が読めず適期作業が難しい昨今、育苗のメリットはますます大きいと思うので、大規模農家以外は迷わず育苗をお勧めしたい。

以下、作物ごとにいくつか、私の育苗のやり方を紹介する。

ネギ・ニラ・タマネギ
仮植えして大苗にする

ネギ類はいい苗をつくるのが難しく、私も長いこと苦労したが、今の方法を考えてからはまったく失敗なく完璧な苗ができている。まずペーパーポットに播いて育苗し、それを穴開きマルチ（露地）に仮植えするという方法だ。こうするとネギやニラは直播きよりもずっと丈夫で大きな苗になり（タマネギはあまり大きな苗だとトウ立ちしやすくなるので注意）、定植後の管理がラクになる。

苗とりは一穴に仮植えされた五〜一〇本を一度にゴボウ抜きできるため驚くほど簡単にすむ。一〇〇〇本の苗が数分で抜けてしまう。

二二〇穴のペーパーポットに、一本ネギやニラなら一穴あたり五～六粒、タマネギなら八～一〇粒のタネを、直播きよりも数日早く播く。発芽まではハウス内なので乾燥に注意し七～八cmに伸びた頃マルチに仮植えする。仮植え前に数日、苗箱ごと露地に出して馴らすと活着がいい。仮植えのマルチは、ネギやニラなら株間一五cmタイプ。タマネギなら株間一二cmタイプ（なければネギと同じ）を使っている。あとは株元の除草を一回すれば素晴らしい苗ができる。

春播きのネギ苗は直径二cm近くに育ってそのまま食べられるくらいである。植えてほどなく土寄せできるので、雑草の始末は簡単でよほどの放任栽培でない限り草には負けない。

仮植え前のネギの苗

仮植えしたネギの苗

定植直後のネギ。かなりでかい

葉もの類
一穴のタネ数を変える

無農薬・無化学肥料で葉ものをつくるのは難しい。草に負けたりコヤシが切れたり、虫食いがひどくて売り物にならなかったりする。やはり育苗が有利だ。

二二〇穴のペーパーポットに播いて定植まで虫除けネットの中で育てる。一穴あたりの播種数は葉ものの種類によって変える。

コマツナ……小さいほうが喜ばれるので一穴のタネ数を多く（五粒くらい）し、なるだけ株間の狭いマルチに植える。

ちぢみ菜やミズナ……葉数が多く株張りするので二粒くらいずつ、五条か七条のマルチに植える。

チンゲンサイ……一粒播き。

ホウレンソウの苗。タネは1穴に3粒くらいずつ播いた

シュンギク……根鉢ができにくいのでペーパーポットは使わず、深めの苗箱にすじ播きで育苗し一本ずつ植える。

サトイモ

衣装ケースで芽出しする

サトイモの収量は生育期間の長さに支配されるが、寒地は発芽に時間がかかるので不利である。おまけに発芽した頃には草との闘いがたいへん。これらを解決するのが育苗である。

ポリポットを使う。種イモを入れるためポットはある程度大きいもの（直径一〇・五〜一二cm）を使うしかなく、土と場所を食い運ぶのも重い。しかし苗で植えた株は巨大になるのでウネ幅一二〇cm以上、株間五〇〜六〇cmとかなりの疎植でよく、苗の数は一a一五〇本ぐらいで足りる。

育苗中のサトイモ

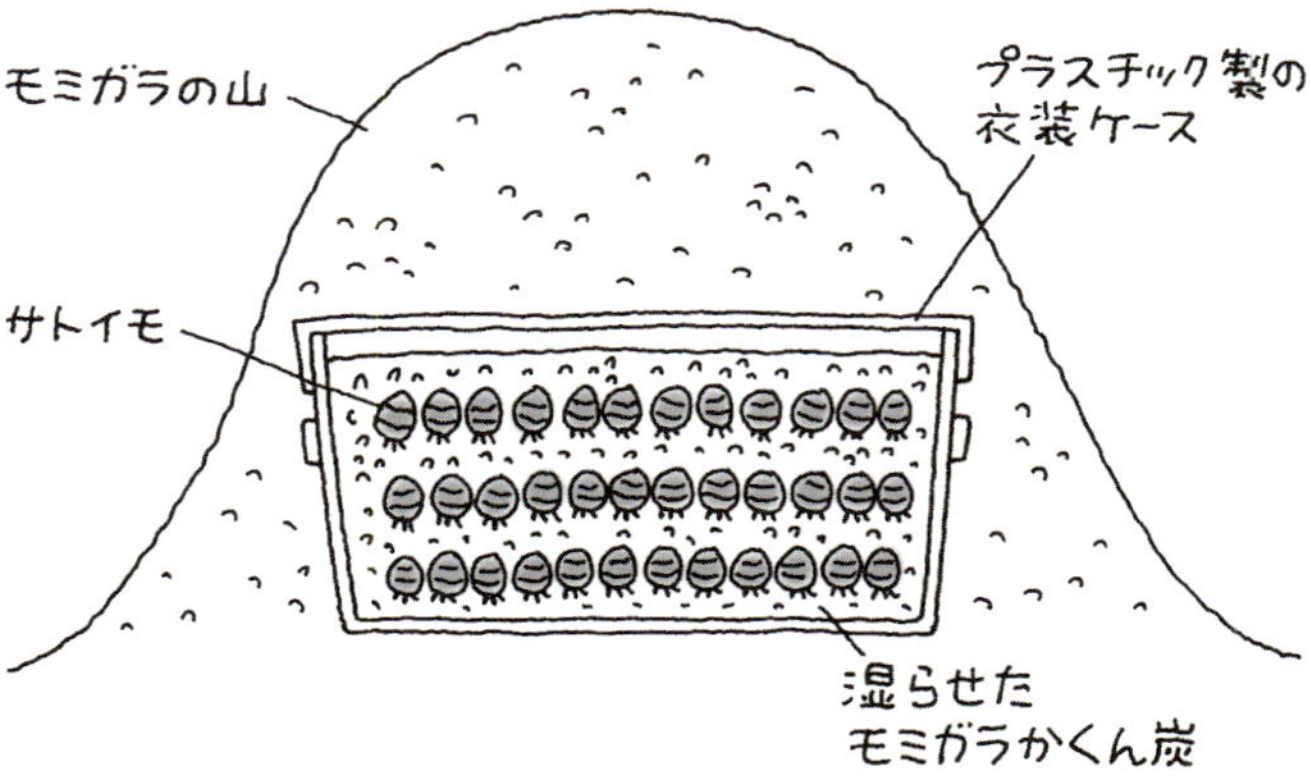

定植直後のサトイモ。いきなりこの大きさなので雑草に負けない

ハウス内にモミガラ堆肥を積み、温度が上がったところで広げてその上に鉢上げした苗を置く

葉がスプーンのように内側に巻いているのが健苗の証拠

春、貯蔵に埋めていた種イモを掘って、寒さに当てたり乾かしたりすると芽の伸びが止まる。私は衣装ケースの中に湿ったモミガラ（もしくはくん炭）を入れ、貯蔵穴から掘り上げた種イモをすぐに並べ、また湿ったモミガラを挟んで何段か重ねる。そしてモミガラの山の中にケースごと埋め、芽出しをする。一カ月ほどで白い芽が伸びてくるので、芽が伸びたイモからポットに鉢上げし、ハウスのなるだけ暖かいところに置く。

葉っぱが二～三枚、草丈一五～二〇cmくらいが植え時（遅霜の心配がなくなったらすぐ植えるのが理想）。定植後は活着してもしばらくは乾燥に弱いのでしっかりかん水したほうが無難だ。

夏野菜
堆肥の発酵熱を温床に利用

夏野菜は普通にポリポット苗に仕立てる。早く播きすぎないこと。地温が低い時期に夏野菜を植えてもいい結果は得られない。トマトやカボチャは低温でもそこそこに生育するが、ナス・ピーマンはさっぱり。キュウリにいたっては枯死することも多い。私の地域でいえばトマトやナス・ピーマンの播種は三月上旬で十分。自家用なら下旬でも問題なし。キュウリは四月半ばだ。

以前は温床をマジメに踏み込んでいたが、前年の温床に湿ったモミガラと米ヌカを足して切り返した上に載せるだけでも十分温度が上がり維持される。温度が高すぎるときは苗箱の下に空の苗箱を重ね、温度が下がるようなら米ヌカを追加して切り返す。

根を傷める鉢上げは野菜にとっては大手術だ。手術の前には苗に少々風を当て涼しい環境に慣らして体力をつけておく。移植後は「集中治療室」＝暖かい温床の上に置くのが絶対条件だ。もっとも二～三日で「傷口は塞がる」ので少しの間温度が保てればいい。モミガラ堆肥を作るようにモミガラと米ヌカを混ぜて積み、温度が上がったら広げてその上に鉢上げした苗を置いている。これだけでホームセンターや種苗店では絶対見られない健苗に育つ。

現代農業二〇一一年四月号

稼ぎ頭は 庭先でつくる野菜苗

島根県浜田市●峠田《たおだ》 等

屋敷周りで育苗した
苗を直売所で販売

一二aの畑は四カ所に点在

年間四〇品目をつくって、直売所「きんさい市場」三店舗に出荷している。一二aある畑の売り上げは約二二〇万円、玄関を含む家の周り（庭先）でつくる野菜苗で一二〇万円、計三四〇万円ほどだ。

わが家にはハウスもトラクタもない。あるのは自作の踏み込み温床（一・二×五m）二つと、二〇～三〇年ものの耕耘機と管理機、動噴だけだ。畑は四カ所に点在している。それぞれ五a、三a、二aと二aの面積で、とてもトラクタが使えるような畑ではない。それでも年間三四〇万円稼げるワザをこの連載では紹介する。

筆者の畑。面積は3aほど。このほか、5aの畑が1枚、2aの畑が2枚ある

筆者。72穴セルトレイで育苗したキュウリ苗を9cmポットに鉢上げしているところ

産直で稼ぐ品目選び八カ条

私の昨年の売り上げの内訳は、次ページ表の通りである。産直百姓が一年一作だけで儲かるはずがない。少なくても二作以上を組み合わせ、畑に空きがないように作付けする。次の八つの特徴を持つ品目をうまく組み合わせれば、一〇a当たり二〇〇万～三〇〇万円は可能である。

①単価が高い
②面積当たりの収量が多い
③収穫、出荷期間が長い
④貯蔵して順次出荷できる
⑤地下、地上に長く伸びる
⑥面積当たりの植え付け本数（株数）が多い
⑦生育期間が短い
⑧手間がかからない

▼儲かるもの、儲からないもの

品目でいうと、ネギは非常に優秀で、①②③⑤⑥と、五つも条件を満たしている。私の作型の一例を挙げると、タマネギ（③④）を一月植え六月どり、その収穫跡にエダマメ（①⑦）を六月植え八月どり、葉ボタン（①⑥）を九月植え十二月どりする。マルチ張りっぱなしの不耕起栽培なので、作後に畑が空くこともない。

逆に儲からないのは、ダイコン、キャベツ、ハクサイなど、表面積を取る作物や重量作物だ。低単価のものが多く、収入を上げるためには一作物あたりの面積を多くする必要があるし、それにともなって大型機械が必要になる。それに、重量野菜は高齢になると体にこたえる。

野菜苗なら畑いらず庭先でつくれる

畑作物ではないが、野菜苗は前述の八カ条のうち⑥⑦と、二つ条件を満たしている。何より、畑がいらず、庭先だけでつくれる。

市販の苗は、電熱温床やハウスで育ったものがほとんどで、植えてから枯れたり傷んだりというクレームがよくある。私の露地苗は、太陽、風、雨、夜露、昼夜の温度差に慣れているため、植え傷みも枯れも少ない。お金がかからないうえ、いい苗ができるのだ。

自家製培土で出費を減らす

とはいえ、育苗専用の培土だけでつくった苗を売るとなると、かえって高くついて儲けがなくなってしまう。そこで私は、ただで手に入る材料を中心に、セルトレイ用と、ポリポット用のそれぞれの培土を作っている。

2016年の主な栽培品目と売り上げ

品目	金額（万円）	栽培面積（㎡）	1㎡あたりのおよその売り上げ（円）
野菜苗	120	35.5	3万4000
ピーマン	30	72	4200
ネギ	16	100	1600
葉ボタン	13	37.5	3500
ショウガ	12	33.6	3600
ニラ	11	27	4100
シイタケ	10	屋敷内のビワの樹の下で栽培	不明
ナス	10	64.8	1500
サトイモ	10	100	1000
その他品目	108	不明	不明

セルトレイ用培土

セルトレイ用は、JAで扱っている与作N一五〇と、三㎜目のふるいを通した腐葉土を五：五〜四：六（体積比、以下も）で混ぜたもので、すべての作物の育苗に使っている。腐葉土一〇〇％でも播種からポット上げまでは可能だが、播種後二週間くらいすると肥料が不足気味になったり、乾燥しやすくなったりする。与作に含まれる肥料分とピートモスでそこを補う形にしたところ、すべての作物の育苗培土に使えるようになった。

与作はお金を出せばいくらでも手に入るが、三㎜以下の腐葉土はお金を出しても手に入らない。山で集めた腐葉土を、手作業でふるっている。

▼ポット用培土

ポット用培土には、購入資材は使わない。作り方は、真砂土四、牛糞モミガラ堆肥二、一〇㎜のふるいにかけた腐葉土二、くん炭一、ボカシ〇・五～一の割合で混ぜ、散水する。山積みしておくと一～二日で発熱してくる。二～三回切り返すとよいのだが、忙しいので、熱が下がってきたら完成品として、ポット培土に使っている。一回目に一㎥くらい作り、半分くらいになったら作り足して年間切れることなく使っている。これも作物の種類、ポットの大きさに関係なく使っている。

年末によく売れる葉ボタン

葉ボタンの収穫跡にはタマネギの余り苗を植える。マルチとフラワーネットはそのままで、ウネ連続利用

加温が必要な果菜類は踏み込み温床で育苗

では具体的な苗づくりを果菜類を例に説明する。わが家の稼ぎ頭であるピーマンのほか、パプリカ、ナスの苗は、自分用と隣人、知人に頼まれた分に少しプラスして育苗し

ている。余ったものは産直に遅出しするが、ここで儲けようとは思っていない。トマト苗は何種類かつくってほとんど販売している。自分の畑に植えるのは、出荷する前に摘んだわき芽を挿し木したものだ。

いずれにせよ、果菜類の苗は加温が必要なので、ある程度の大きさまで踏み込み温床で管理する。手順としては、二月下旬、培土を詰めたセルトレイに、一発穴あけ器（自家製）で植え穴を作る。ピンセットで一粒ずつタネを播いて覆土し、セルトレイの底穴から水が出る直前までかん水して、五〜七日屋内に積み重ねておく。

三月上旬に温床を踏み込む。六〇cm幅の波板で周囲を囲って下半分に厩肥（牛糞＋敷料）を敷き、上半分は落ち葉を入れてしっかり踏み込む。落ち葉が湿っていれば水はかけない。踏み込んで二日くらいすると発熱してくる。

播種したセルトレイは踏み込んだ当日から並べる。温床の表面から一〇cm下は四〇℃くらいになるが、表面は三〇℃くらいで発芽適温になっている。温床は二基あり、最初は一基のうち半分を踏み込み、一月後にもう半分をやる。二基目はさらにその二〇日後、いっぺんに踏み込む。ずらして踏み込むことで、晩春に寒の戻りがあったときでも温床を使うことができる。

鉢上げで、長期どりできる苗に

踏み込み温床で育苗したナスの苗は、一カ月くらいで本葉二〜二・五枚になる。そうなったら六cmポットに鉢上げする。トマトは播種を二週間遅らせ、本葉二〜二・五枚で九cmポットに上げ、若苗で販売。ナスの場合はその後、九cm、一二cm、一五cmと植え替えて、一番花が開花するまで育苗してから定植する。ピーマン、パプリカもナスと同様に一番花が開花するまで鉢上げするが、ナスよりも根量が少ないので、鉢上げのポットは一二cmまでだ。

根は障害物にぶつかると細根を出す。放っておけばポットの中で根巻きするが、鉢上げすれば増えた細根が伸びる。これを繰り返すことで根量がだんだん多くなり、長期どりできる果菜苗になるのである。

ナス、ピーマン、パプリカともに、元肥は自家製ボカシ肥を全面土壌混和と、定植のときに植え穴に山盛りひと握りを混ぜて植える。追肥は八月中〜下旬に、米ヌカ、油粕、エビガラ、鶏糞を等量混ぜて全面散布する。

昨年は忙しくて定植が大幅に遅れ、ピーマン、パプリカ、ナスは一番花に実がついて、親指くらいになってしまった。それでもナスは十一月上旬まで収穫。ピーマン、パプリカに至っては、年明け一月十一日まで収穫できた。もちろん露地での栽培だ。寒波が来なければ、ピーマンはもっと生育し続けてくれただろう。

現代農業二〇一七年四月号

第1章

苗づくりは発芽から

発芽の揃ったコマツナ

くん炭とモミガラ堆肥でピートモスを半減。片手で持ち上げられるほど軽い培土になった（50ページ）

絵とき

タネと発芽

まとめ：編集部

発芽に必要な条件と発芽の進み方

温度

吸水したうえで適度な温度（作物によって違う、25ページ）になると発芽が始まる。また、多くの植物は、低温条件に一定期間おかれると休眠から覚める性質がある（春化）。逆に、高温処理によって発芽が促進される例もある

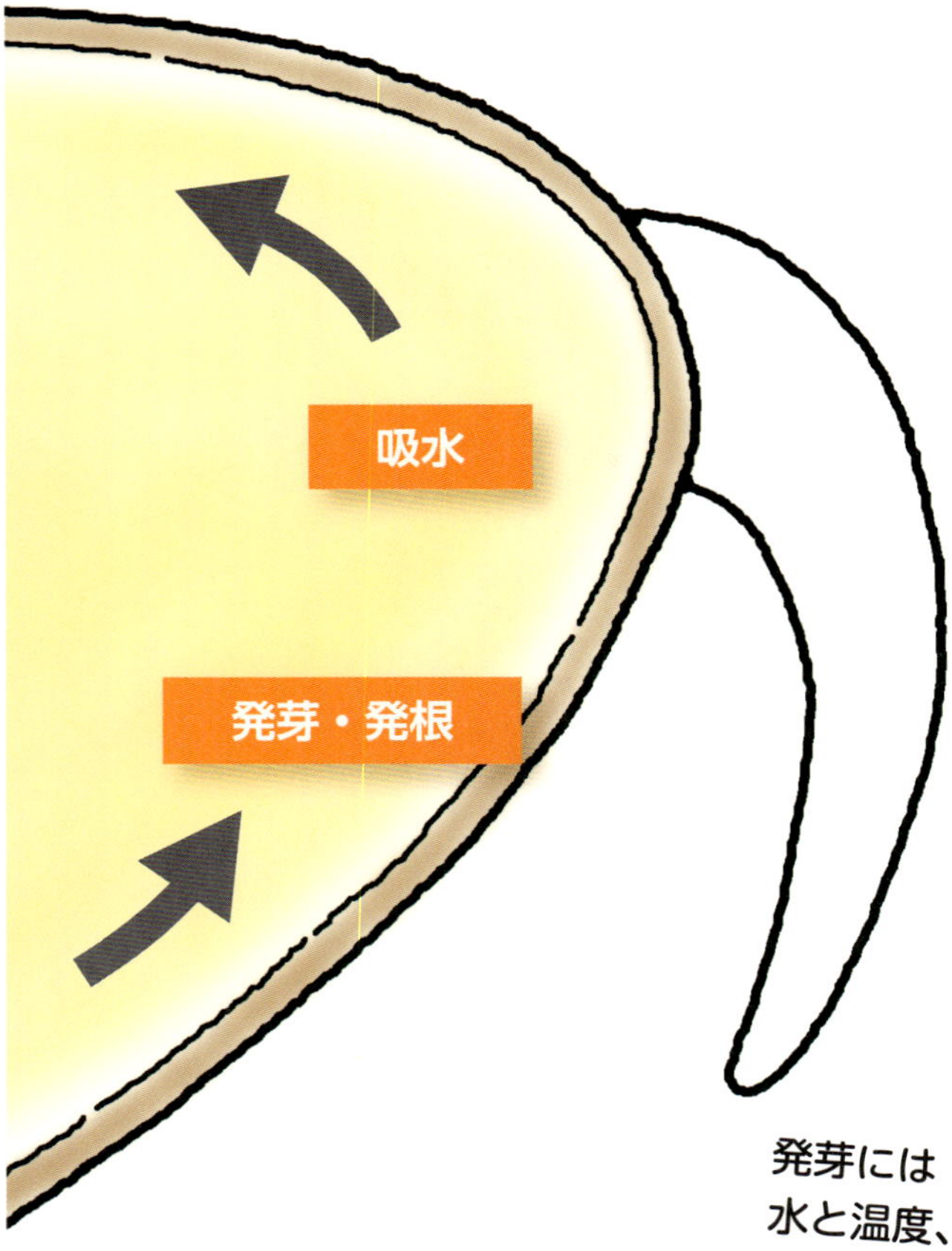

水

発芽にとって一番重要なのが水。レタスの例でいえば、タネに水分が与えられると、30分で1.5倍、4時間で2倍の重さになるという。水分を吸収すると、左の図のような作用が始まり、タネの中の貯蔵養分が分解され、根と芽の伸長に使われる

発芽には
水と温度、酸素、光が
影響する

中でも適度な
水分・温度・酸素が
欠かせんのじゃ

光

発芽への光の影響は植物の種類によって異なる。発芽に光が必要な好光性種子と光によって発芽率が下がる嫌光性種子がある（24ページ）

酵素・ホルモンが活性化

・貯蔵養分を分解する酵素が活性化
・ジベレリンやオーキシン、サイトカイニンが増加
・アブシジン酸（発芽抑制物質）が減少

貯蔵養分の分解

・タンパク質やデンプン・ショ糖が分解されてアミノ酸やブドウ糖などの単糖類が増加
・脂肪が分解されて呼吸に使われる

タンパク質合成

・分解したアミノ酸などからタンパク質を再合成

酸素

タネは、発芽に必要なエネルギーを生み出すために、呼吸によって酸素を取り入れる。酸素が減少すると、一般に発芽は抑制されるが、水田雑草のコナギのように低酸素条件で発芽率が上昇する植物もある。また、オゾンや活性酸素がアブシジン酸などの発芽抑制物質を分解し発芽を促進するという研究もある

タネごとの性格を見極めて播く

〈光・水分と発芽〉

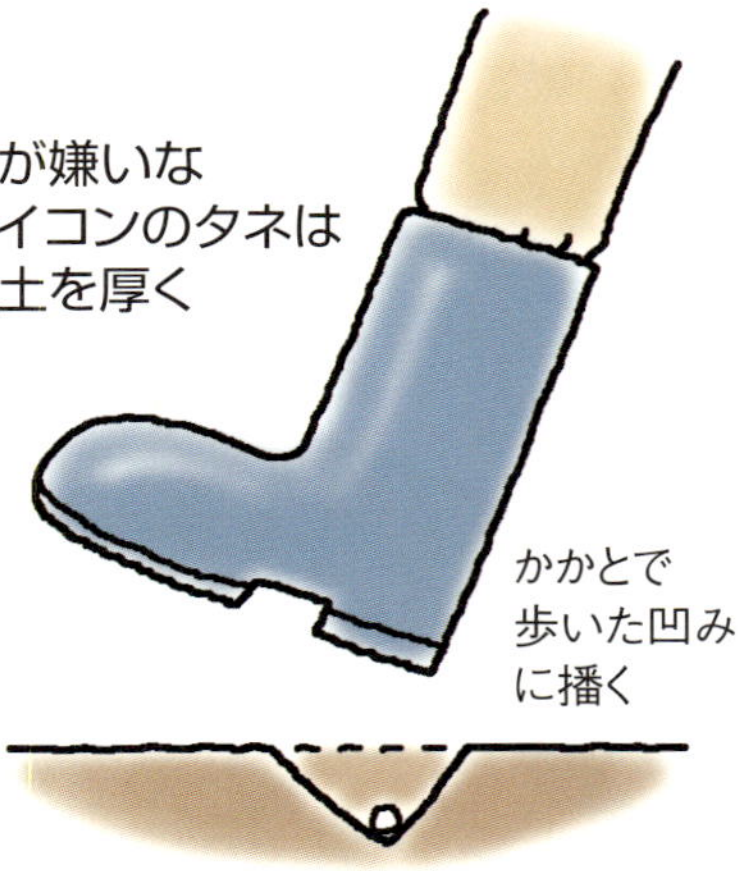
光が嫌いな
ダイコンのタネは
覆土を厚く

好光性	嫌光性
・シソ	・ダイコン
・セロリ	・ネギ
・インゲン	・タマネギ
・シュンギク	・ニラ
・ミツバ	・カボチャ
・レタス	・スイカ
・ゴボウ	・トマト
	・ナス

これは昔からの知恵じゃ

発芽に光が必要な好光性種子は覆土を薄くして、光が邪魔な嫌光性種子は覆土を厚くしたほうが発芽が揃う

ただし、覆土が薄いと乾きやすいのがやっかいじゃな

好光性種子はあえて覆土をしないで、底穴の大きい水稲育苗箱でフタをする。湿度が一定に保たれるので発芽がバッチリ揃う（福島・東山広幸さん）

〈温度と発芽〉

●高温や低温で発芽に失敗する例

高温で休眠する
レタス

zzz…

低温で
花芽分化する
ダイコン

レタスのタネは25度以上になると休眠してしまう。一方ダイコンのタネは吸水してから0～5度に一定期間遭うと花芽分化してしまう

●作物の発芽適温

15～20度 温帯の少し涼しい 地域原産	20～25度 温帯原産	25～30度 熱帯原産
• ソラマメ	• ハクサイ	• イネ
• パセリ	• ゴボウ	• ダイズ
• レタス	• インゲン	• スイカ
• ネギ	• ダイコン	• トウモロコシ
• ホウレンソウ		• トマト

作物によって
発芽適温が違うのは
原産地によるところが大きい

●播き方の工夫

トウモロコシを春先に播く

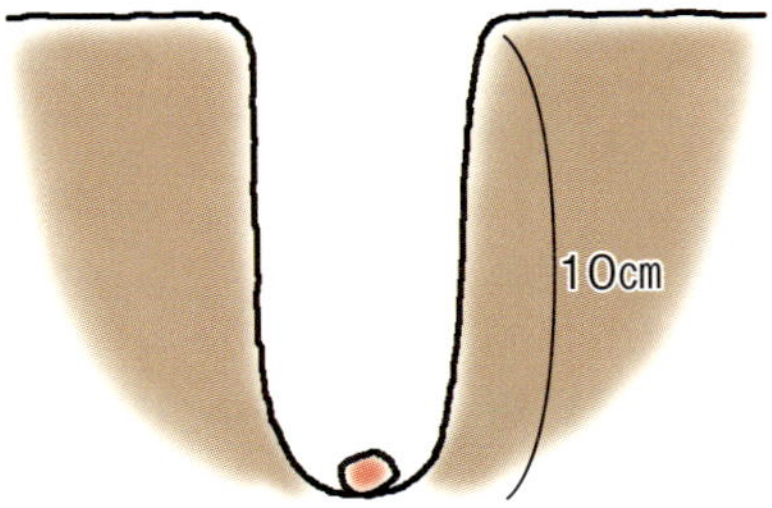
10cm

発芽適温の高いトウモロコシを春先の寒い時期に播くとき、地温が確保できる穴底播きや溝底播きすると発芽しやすい

スナップエンドウを
夏に播く

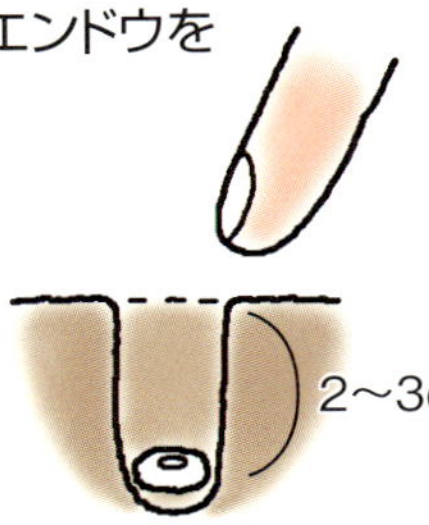
2～3cm

42ページの三重・青木恒男さんはまだ暑い9月上旬にスナップエンドウを播き、年内から翌年春までとり続ける。マメ類を暑い時期に播くと腐るので、通常1cmくらいの播き深さを2～3cmにする

図解 苗と地温

作物によって発芽適温には違いがあるが……

いつもは種苗会社からスイカの苗を買っている息子。今年は育苗に挑戦する。

スイカのタネ袋の裏に発芽適温が書かれてるぞ。27～30℃だって？ この温度に温めればいいのか？

そもそも発芽適温ってなんだかわかるか？ 地温のことだ。タネは土の中に埋まっているからな。メーカーがいう温度は、発芽率が高くて、発芽揃いもいい地温のことだ。でも、適温で発芽させたからといってもよい生育をするとは限らない。もっと低い温度でも発芽はするし、そのほうが生育がいい気がするんだが……

作物による発芽適温の違い

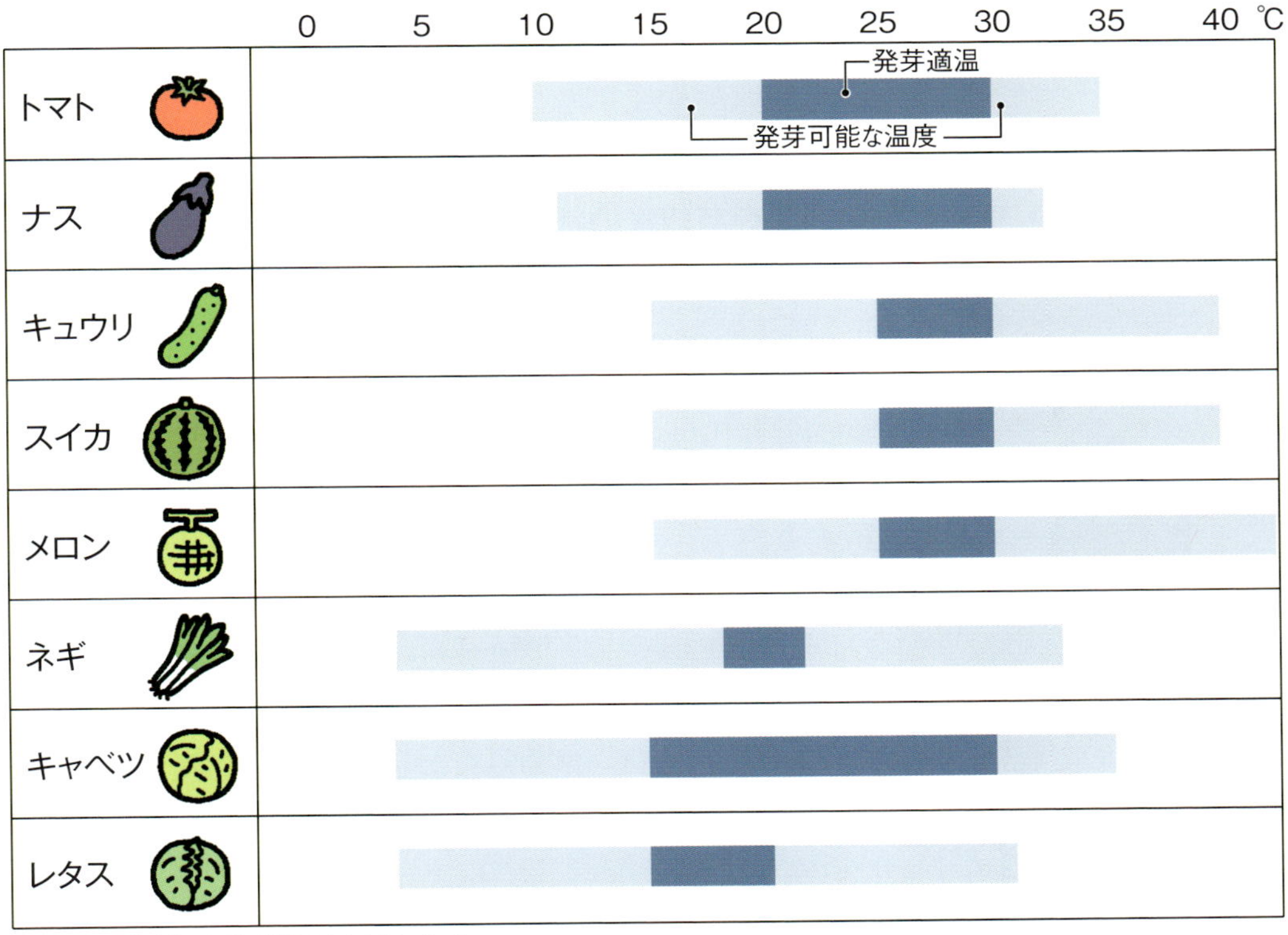

＊「種苗読本」（日本種苗協会）をもとに作成

作物によって発芽適温が違うのは、原産地の違いによるところが大きいといわれている。発芽温度に幅があるのは、さまざまな環境で生き残るために作物が獲得してきた能力だろうか

発芽とは、幼根が種皮を突き破る現象のこと

地温の上げすぎに注意

寒い時期の育苗は地温を上げる工夫が必要だ。ただ、地温の上げ方を発芽適温より低くすることで、発芽以後の根の張り方が変わることがわかっている。以下は、土壌微生物研究所の片山悦郎さんの解説だ。

自然温発芽

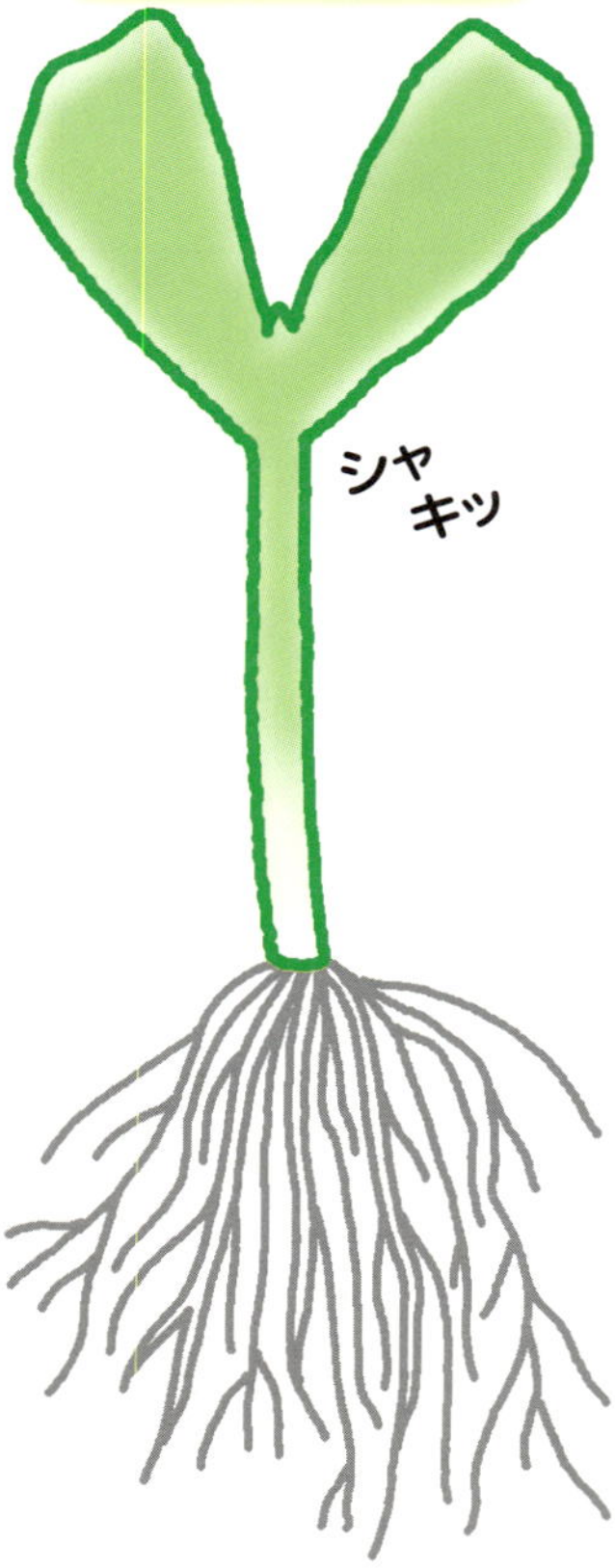

春の自然環境に近い17℃ほどで低温発芽（自然温発芽）させると、タネの養分は地上部よりも根の生長に多く分配され、分岐が進む結果、根量が増える。ミネラルの吸収効率がよくなるほか、開花や結実、老化抑制に働くホルモン（サイトカイニン）が根毛で多く作られる

高温発芽

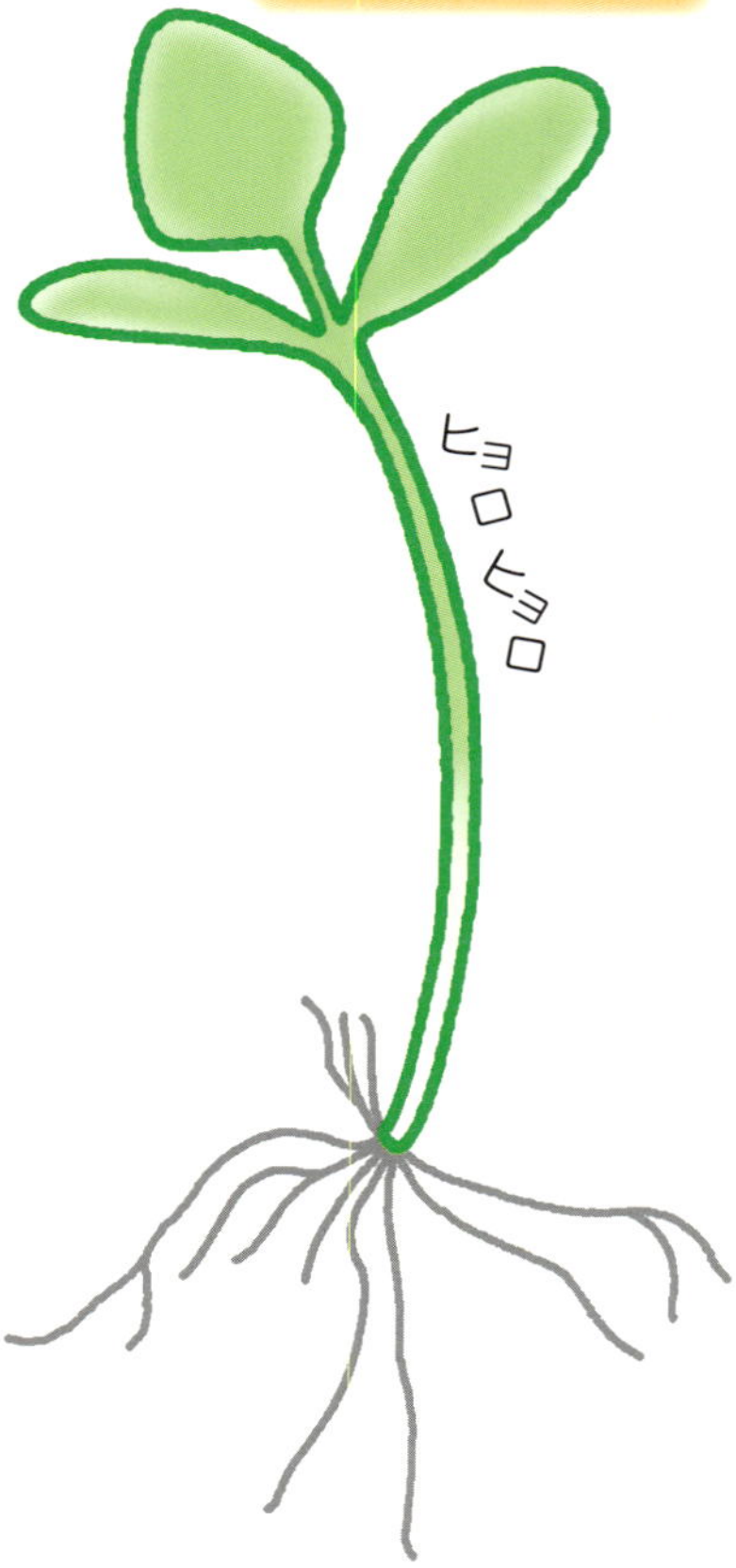

例えばスイカは、発芽適温の30℃（温床の設定温度、以下も）近くで高温発芽させると、徒長気味の生育になり根量が少なくなる。高温によりジベレリン活性が高まり、タネの養分が地上部に多く分配されるからだという

根毛の伸長最低温度

最低温度(℃)	野菜の種類
4	ホウレンソウ、レタス、ハクサイ、キャベツ、タカナ、ゴボウ、カブ
6	セロリ、ダイコン
8	ネギ、ニンジン
10	タマネギ
12	エダマメ、トマト、スイートコーン、カボチャ
14	キュウリ、メロン、スイカ、ササゲ、ナス、ピーマン
16	オクラ、ヘチマ、トウガン

＊写真図説野菜作りの新視点(東京農業大学社会通信教育部)

ネギの低温発芽は106ページ、メロンは62ページに書いてあるぞ

低温発芽

低温発芽で根毛もよく発達する。左の伸長最低温度よりも2℃ほど高い地温で育苗すると、根量も根毛も増える(伸長最低温度以下になると、根毛がダメージを受ける)

低温発芽させると根毛が多く発生する

現代農業二〇一七年四月号

タネ代はもっと減らせる

タネの寿命を知り、ムダなく使う

福島県いわき市●東山広幸

いちばんケチりやすいのがタネ代

農業経営において、タネ代などはたいしたことがないと思われている。確かに機械代や肥料代に比べると大きな支出ではないかもしれないが、このところのタネの値上がりは甚だしいものがある。農産物価格がデフレ傾向なのに、機械も肥料も超インフレで、タネに至っては私が百姓をはじめた頃に比べて最低でも二倍、五倍以上の値上がりをしているものも珍しくないのだ。

今後さらなる値上がりも心配されるなか、タネ代をケチるのは重要で、実はいちばんケチりやすいのもタネ代である。タネ屋からは「儲けの邪魔をする」と思われそうだが、百姓が絶滅してはタネ屋も生き残れない。百姓の利益を優先しよう。

タネの寿命を知ればムダが省ける

▼もったいないがアダになっていないか

近所の自給的農家を見ると、ネギやニンジン、菜っ葉のタネなど、一度に一袋すべて播いている。いくら小袋といえども結構な数が入っているので、当然超密植となり、ネギは小さな苗にしかならず、ニンジンはベビーキャロット、菜っ葉はカイワレの親分ぐらいにしかならない。

おそらく使い切らなくてはムダにするから播いておこうという発想であろう。この「もったいない」がアダになっている。プロ農家の中にも、この「タネは一年で使い切らなくては」という発想は根強い。確かにタネは古くなると発芽しなくなったり、発芽が揃わなくなったりする。しかし、タネの寿命は野菜によってだいたい決まっていて、それを押さえておけば寿命の長いタネは割安な大袋で買えるし、まだまけるタネを捨てることもなくなるのだ。

農家の自家菜園でよく見られる超密播きは、すごーくもったいない

▼購入当年しか発芽しないタネ

シソやエダマメ（大豆）のタネは、二年目はもうほとんど発芽しなくなる。未開封でもダメだ。スイートコーンも、「乾燥を十分にしてあれば五〜一〇年以上は保たれる」と書いた本もあるが、実際には未開封のタネでも翌

年は発芽率が激減する。

トマトやトウガラシ類、スイカ、モロヘイヤ、レタスは、発芽率は落ちるものの二年目もある程度は芽が出るので、タネをたくさん播いて発芽したものを鉢上げするという手がある。

タネの寿命を知る

購入当年しか芽が出ないタネ	エダマメ（大豆）、スイートコーン、トウガラシ類、スイカ、レタス、モロヘイヤ、シソ
２年目まで芽が出るタネ	ネギ、タマネギ、キャベツ、ブロッコリー、パセリ、セロリ、空芯菜
３年目まで芽が出るタネ	ダイコン、ニンジン、ゴボウ、カブ、ハクサイ、菜っ葉類のほとんど、ホウレンソウ、シュンギク、オクラ、エダマメ以外のマメ類、カボチャ、キュウリ、ナス

▼二年目まで発芽するタネ

ネギは昔から「採種後一年しか使えない」といわれていたが、まったくの誤解だ。実際には購入した翌年もきれいに発芽する。開封後のタネでもまったく問題ない。タマネギもまた然りだ。

キャベツ、ブロッコリーは若干発芽率が下がるが、ほとんど問題なく使える。空芯菜も二年までは問題なく使えることを確認している。

タマネギの新タネ（左）と発芽が悪くなるといわれる古タネ（右）。まったく違いがわからない

▼三年目まで発芽するタネ

昔から、ナスのタネは八年はもつといわれていたが、これも事実とは違う。実際には三年目ぐらいから発芽が不揃いになり、四年目からは発芽率が急激に下がる。

マメ類はエダマメ以外のほとんどは結構寿命が長い。ウリ科もスイカ以外のほとんどが三年はもち、五年以上経っても発芽するのがあるので、捨てないで播いてみるといい。ただ、菜っ葉類は以前より寿命が短くなったと感じている。古いタネは一度試験的に播いてみたほうがいいかもしれない。

▼ホウレンソウやシュンギクは古いタネのほうが発芽が揃う

ホウレンソウやシュンギクなど、新ダネよりも古いほうが発芽揃いがいいという場合もある。こういうのは翌年分を買い置きしておいたほうがいい。

以上は外気温より高い温度で保存した場合（わが家ではハウスの一部を日陰にしてタネを置いている）の結果である。冷蔵あるいは冷凍保存では飛躍的に寿命が延びる可能性があるので、高価なタネが大量に余った場合は試してみてはどうだろうか。ただし、専用の冷蔵庫をわざわざ買うようならば、冷蔵庫代と電気代を考えれば得だか損だかビミョーなところだが。

タネをムダなく使う

▼直播き野菜は一粒播きで間引きながら収穫

苗をつくるならタネはムダにならないが、問題は直播きする野菜だ。直播きする場合、タネは決まった株間で数粒ずつ播き、間引きながら育てるのが一般的な栽培法なのだが、はっきりいってこれはもったいない。

現在一般的に使われているF1種子は遺伝的にほぼ均質で生育の差はほとんど出ないし、ネキリムシ対策に余計に播くのも、結局まとめて食われるのだから意味がない。

そこで私は、苗をつくらない野菜はやや狭い間隔にタネを一粒ずつ播いて、間引きながら収穫している。例えばダイコンは普通二五〜三〇cmの株間にタネを播くところ、一〇〜一五cm間隔で播いて大きくなったものから収穫していけばいい。ただし、宮重系（一般的な青首ダイコン）など抜きやすい品種に限る。

こうした間引きながら収穫していく方法はニンジンや、直播きではないが長ネギなどでも行なえる。ただし、これも抜きやすい品種を選ぶ必要がある。ネギはタキイのホワイトシリーズなどが、根が強くなくて抜きやすい。逆に下仁田ネギなどは絶対抜けない。

当年採種（上）と前年採種（下）のホウレンソウ種子の発芽。古いタネのほうが、発芽が揃うのがわかる

▼移植する葉菜類は大株に仕立てるといい

苗をつくって植える葉菜は、なるべく大きな株に仕立てるといい。あんまり小さい株張りで売ると、タネ代ばかりかかって仕方がない。一株を十分大きくしてから売るとタネ代が少なくてすむし、何より調製の手間が省ける。

こういうときは、コマツナのように葉の数が少ない菜っ葉（私は「葉重型」と呼んでいる）よりも、ミズナやちぢみ菜のように葉っぱの数が多い菜っ葉（同じく「葉数型」）のほうが有利である。いくら図体がゴツいコマツナをつくっても誰も喜ばないからだ。

▼種イモも半減できる

ジャガイモの種イモのケチり方は二〇一一年の三月号で紹介した。個数型品種は大きな種イモを多数に切り、個重型の品種はなるべく小さな種イモを二つ切りにする。これで種イモの購入量は半減する。

サトイモに関しては、苗にして植えれば、三〇～五〇g程度の小イモで大きな種イモ以上の生育を確保できる（二〇一一年と二〇一二年の四月号で紹介）。サトイモは植え付け時の地上部の大きさに比例して生育量が大きくなるからだ。

●個重型品種と個数型品種で切り方を変える（詳しくは2011年3月号）

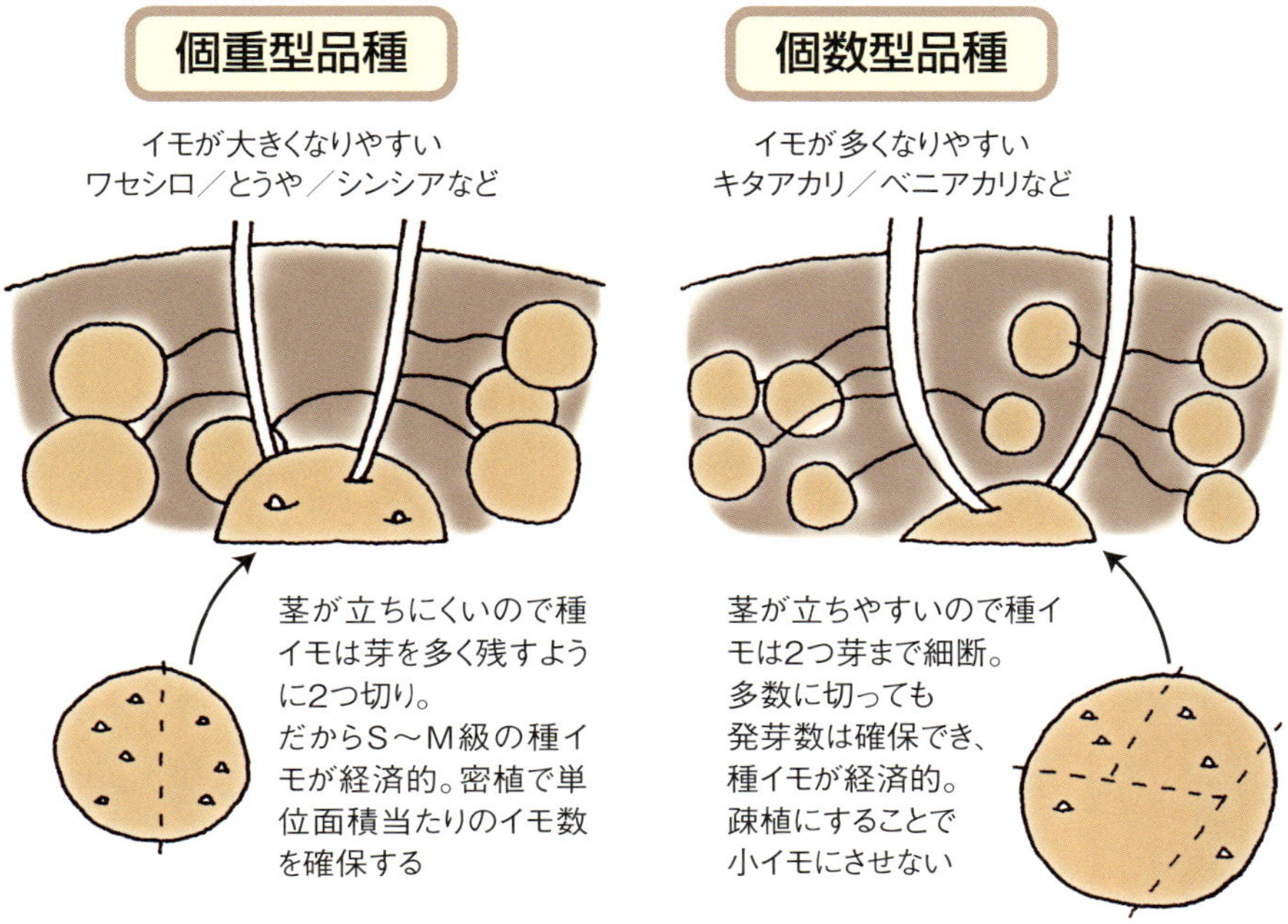
個重型品種
イモが大きくなりやすい
ワセシロ／とうや／シンシアなど
茎が立ちにくいので種イモは芽を多く残すように2つ切り。
だからS～M級の種イモが経済的。密植で単位面積当たりのイモ数を確保する
個数型品種
イモが多くなりやすい
キタアカリ／ベニアカリなど
茎が立ちやすいので種イモは2つ芽まで細断。
多数に切っても発芽数は確保でき、種イモが経済的。
疎植にすることで小イモにさせない

※男爵、メークイン、十勝こがねは中間型の品種

▼果菜は疎植がいいことばかり

果菜類は、タネ自体が高くても密には植えないので、それほどタネ代がかさむわけではない。しかし、これもなるべく疎植にする。疎植にすると株の寿命が延びるし、肥切れはしにくいし、病気は少ないし、総収量も増える。初期収量が低くなること以外はすべて◎である。

例えば、キュウリはウネ間三m、株間一mあければ無整枝で管理でき、四〇本も植えておけば（誘引は大変だが）毎日コンテナ一杯とれるようになる。

◇

タネは購入前に在庫をしっかり確認することも大事。余計な買い物をしないのが健全経営の第一歩である。

また、マメ類など自家受粉するものは自家採種すればタダである。ただし、高温多湿の時期に採種する場合は乾燥、保管に注意が必要だ。

以上、誌面の関係で詳述できないが、要は自分で試してみることである。

現代農業二〇一三年一月号

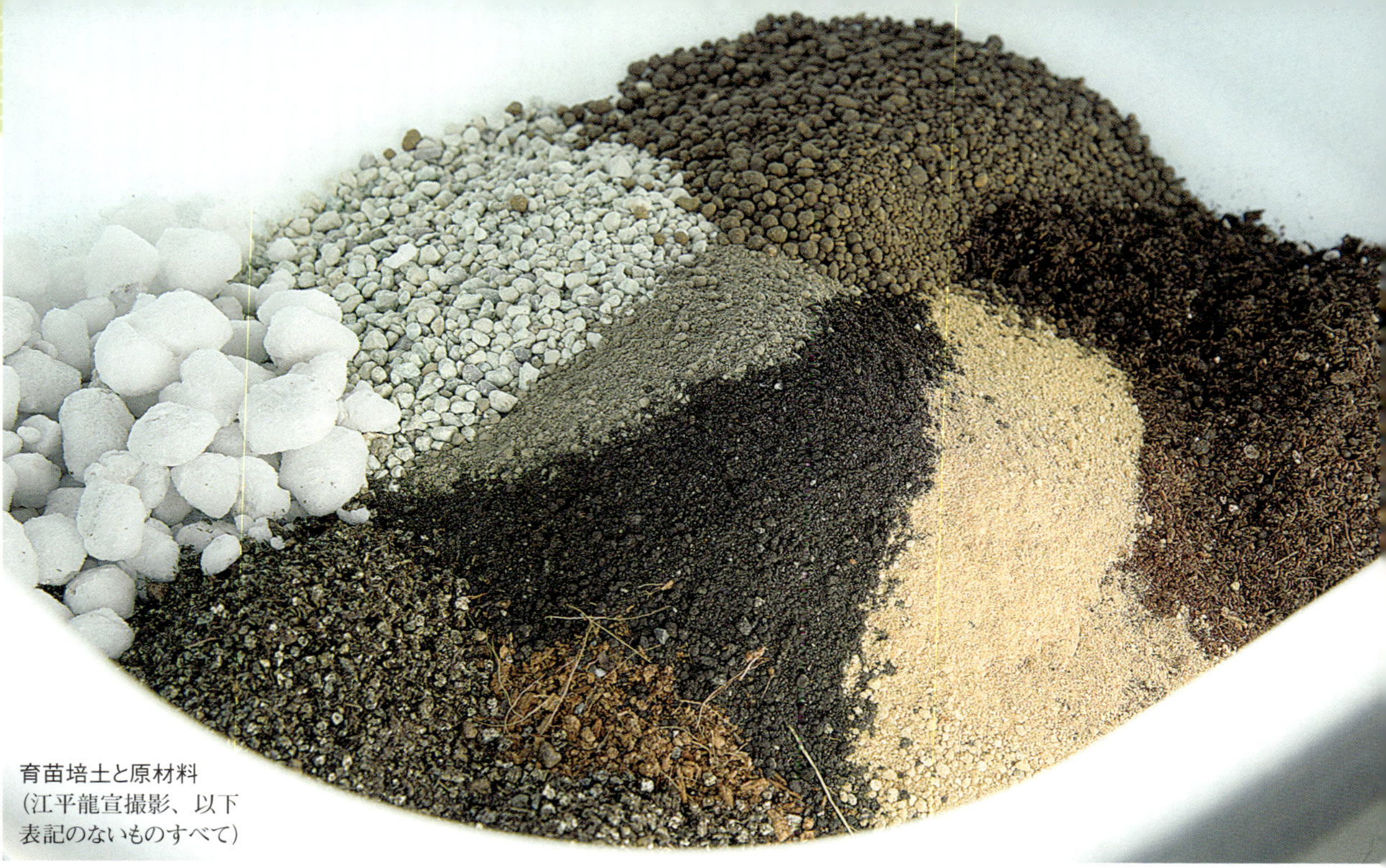
育苗培土と原材料
（江平龍宣撮影、以下表記のないものすべて）

原材料の特性からわかる
市販培土の見分け方

全農 営農・技術センター●神田芙美佳

営農ニーズに応じ、良質な培土を

育苗は苗半作といわれるように、昔から農作業上の重要な作業の一つである。水稲向けの床土は、採土、乾燥、粉砕、篩別、消毒、酸度調整、肥料配合などの工程を経て作られてきた。一方、野菜向けの床土は、原土と堆肥などの有機物や肥料を堆積して切り返すことで作製され、いずれも農家は多くの手間をかけて育苗に適する床土を調整してきた。

近年では、苗生産の分業化や、苗の商品としての販売・流通、そして播種作業や移植作業の機械化が進み、良質な床土を大量に確保する必要性が増してきた。このような背景の中で、全農は水稲用育苗培土（以下「水稲培土」）、園芸用育苗培土（以下「園芸培土」）、セル用育苗培土（以下「セル培土」）など、営農ニーズに応じて作物や用途で細分化した培土を開発してきた。

市販培土の利点としては、①良質苗の生産に適した性質をもつように調整されている、②土壌伝染性病害に対して消毒殺菌されている、③品質が均一であり育苗管理が標準化できる、④自家製の床土つくりにかかる手間を省くことができることなどが挙げられ、いまや育苗培土は、良質で均一な苗生産のために必要不可欠な資材となっている。

水稲培土、園芸培土、セル培土の違い

育苗培土は、水稲用、園芸用、セル用に大別され、それぞれ作物や用途別に細分化されて流通しており（図1）、いずれも物理性、化学性、生物

図１　育苗培土の分類

性、育苗性能の面で良好であることが求められる（図２）。

水稲培土と園芸培土の価格は約二倍異なり、原土を主体とした一般的な水稲培土を用いてイネの育苗を行なった場合、一反当たりの培土代は約二〇〇〇円であるのに対し、原土にバーミキュライトやピートモスを加えた一般的な園芸培土を用いてトマトを育苗した場合、一反当たりの培土代は約三万五〇〇〇円と計算される。育苗培土で使用される原料は、その特性だけでなく、コストを重視して選定されており、培土自体の価格は対象作物の収益性に強く影響される。

水稲培土の多くは、上述の通り、コスト面の理由から山土などを主体としており、ピートモスなどの副資材はあまり使われない。原土を主体とすることで、定植後の浮き苗を防止することもできる。近年は有機質原料を使った軽量水稲培土が普及し始めてはいるが、水稲培土全体に占める使用割合はまだまだ少ない。そのため、原土のもつ性質が育苗性能に反映されやすく、原土の選定や管理が製品の品質安定化の大きなポイントとなる。

園芸培土は、培土に保水性や保肥力を付加するため、原土にピートモスなどの有機質資材やバーミキュライトなどの鉱物質資材を混合したものが多い。セル培土は、園芸培土と比較して一株当たりの培土容量が一〇分の一～四〇分の一と少ないことから、より一層保水性と保肥力を付加するとともに、セルトレイを軽量化するため、原土の使用量は園芸培土よりも少なく、有機質資材や鉱物質資材の使用割合が高い。培土原料に使用されるこれらの主な原料の特性は次の通りである。

育苗培土で使用される原料

▼バーミキュライト
中国産はアンモニアやカリを固定

バーミキュライトは鉱物（蛭石《ひるいし》）を六〇〇～一〇〇〇℃で焼成してアコーディオン状に広がったものである。多孔質で非常に軽く（土の一〇分の一程度の重さ）、保水性、通気性、保肥力に優れ、水はけもよい。原石の分布は広く、日本、アメリカ、アフリカ、オーストラリア、ブラジル、中国など世界各国で産出されており、日本で流通しているバーミキュライトは南アフリカ産と中国産が主力である。

産地によって色調や性質は異なり、

図2　育苗培土に求められる特性

物理性

- 水分は少なすぎず、多すぎず
- 水分保持力がある
- 透水性に優れる
- 発塵性、撥水性がない

生物性

- カビの発生がない
- その他、苗の生育を阻害する微生物が存在しない

化学性

- 肥料が設計どおり入っている
- pH、ECが適正である
- 硝酸化成が進んでいない

育苗性能

- ずっしりした苗ができる（草丈に対して重量が重い）
- 根張り、マット形成がよい
- 移植機にかけても問題がない（水稲培土、機械移植適応セル培土）
- かき取り後の苗（ブロック）がしっかりしている

バーミキュライトの原石と製品

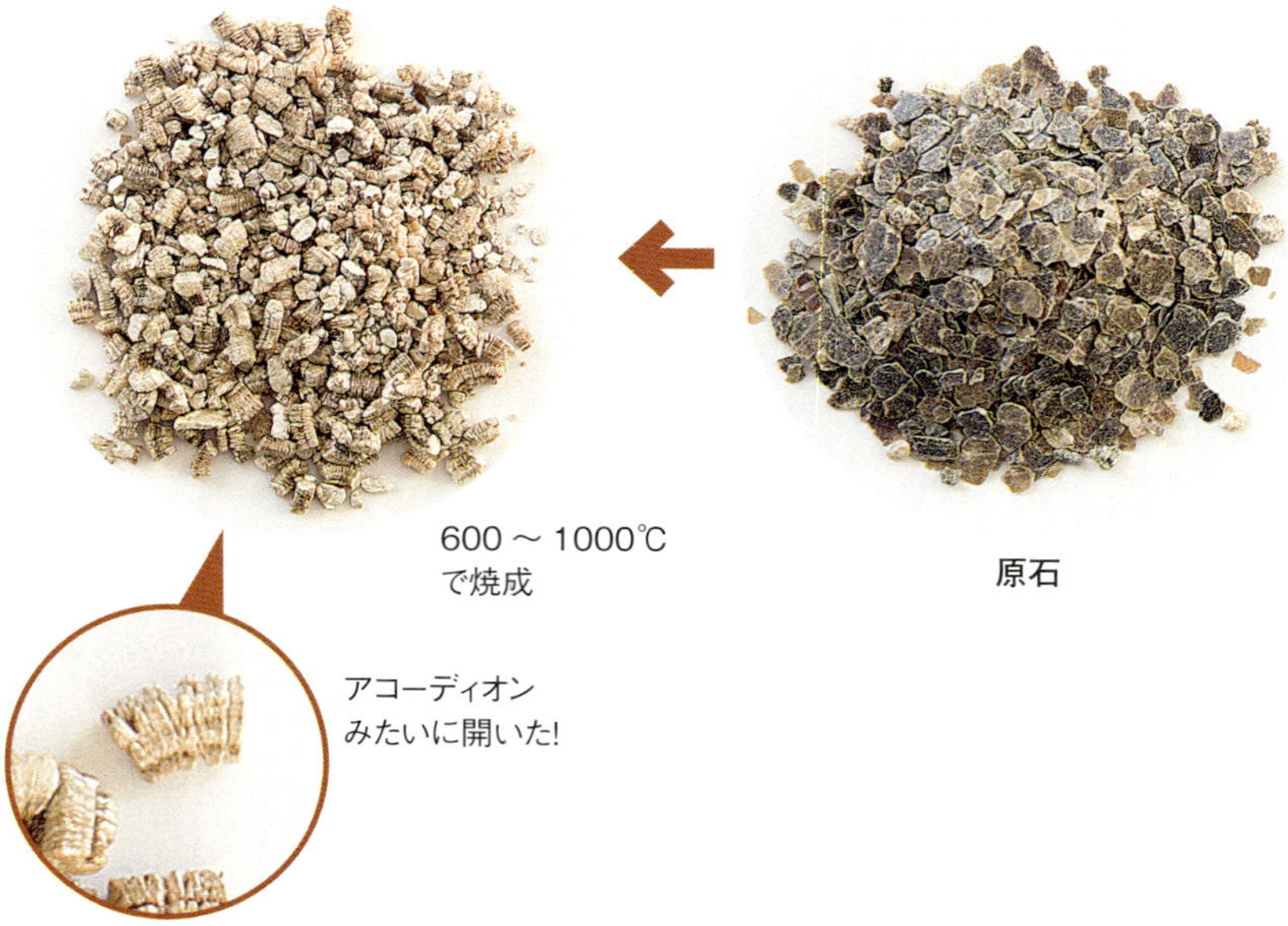

中国産バーミキュライトの多くはアンモニアやカリを固定して作物への利用を妨げる場合があることが知られているが、培土メーカーは自社が使用しているバーミキュライトの特性を十分に把握した上で、肥料成分添加量の調整などにより、製品品質を確保している。

需給情勢としては、二〇一〇年に南アフリカで港湾・鉄道ストライキや鉄道事故などが相次ぎ、数カ月間バーミキュライトが出荷停止状態に陥った。二〇一一年に南アフリカ産の出荷が再

開され、現在では再び南アフリカ産と中国産が多くの培土原料として使用されている。

▼ピートモス
収穫量は産地の天候に影響を受ける

ピートモスはミズゴケなどの植物遺体が長期間かけて堆積して腐植化した泥炭であり、非常に軽く、保水性や保肥力に優れる。酸性であることから、培土の製造工程で石灰を用いて中和される。また、乾燥すると撥水性を生じるため、ピートモスを含む培土は水分を比較的多く含む。

ピートモスは、カナダ、ロシア、ヨーロッパなどに分布し、日本ではカナダ産の輸入割合が圧倒的に多く推移してきたが、近年ではラトビアなどのヨーロッパ産の輸入量が増加している。

ピートモスは湿地（泥炭地）で生成するため、収穫前に溝を切って排水し、表層を攪拌して天日乾燥させたあと、吸引、収穫される。カナダでの収穫時期は五月の雪解けから九月の秋口までの夏場であり、収穫量は天候の影響を大きく受ける。二〇一一年におけるカナダ産ピートモスの収穫量は悪天候により前年比二～三割程度となった。この年の不作を受け、全農ではラトビア産ピートモスの品質を調査した上で、二〇一五年度から取り扱いを開始した。

カナダでのピートモス収穫作業

ボグと呼ばれる広大な泥炭地に溝を切って排水して、表面をかき混ぜ天日乾燥させた後、バキューム式の収穫機で収穫!

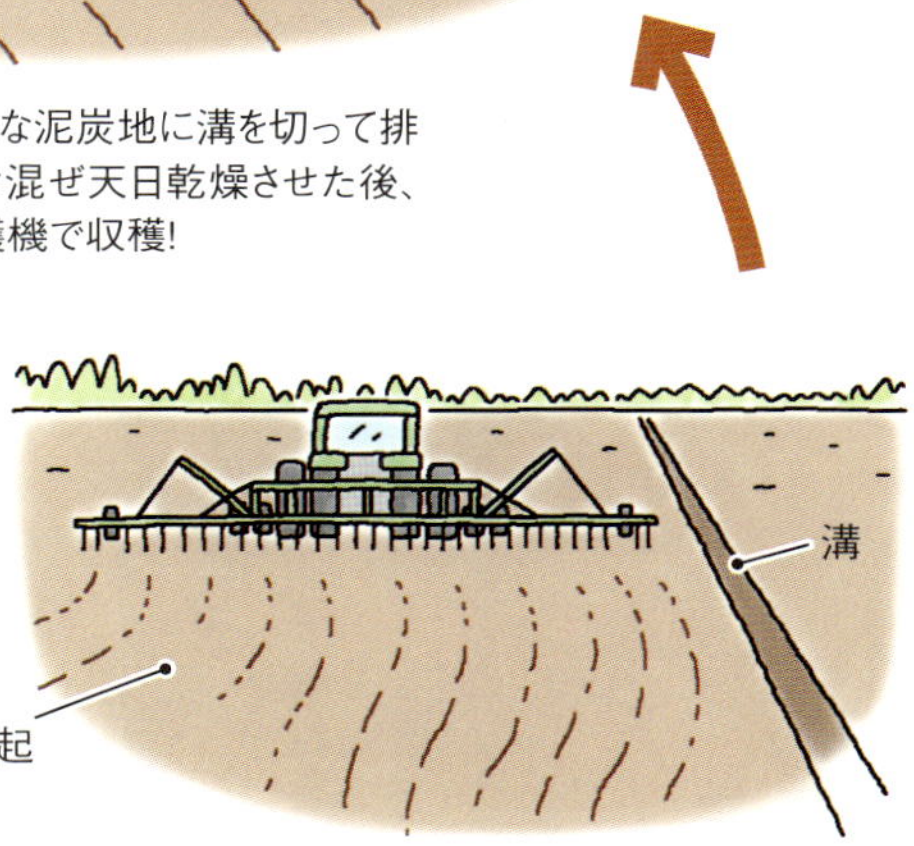

※ピートモス収穫のためにはミズゴケが自生している湿地を破壊する必要があり、カナダでは採取跡地の自然を復元することが法律で義務化されている

▼ヤシガラ
塩素、カリ、ナトリウムが多く EC値が不安定

ヤシガラ（ココナッツピート）はココナッツの殻を粉砕し、繊維やチップを取り除いたものが培土原料として使用される。ピートモスと同様に保水性や保肥力をもち軽量であるが、中性であることから石灰による中和を必要とせず、ピートモスより撥水しにくい性質をもつ。ヤシガラは塩素、カリウム、ナトリウムなどの塩類を多く含むことから電気伝導度（以下「ＥＣ」）が高く、培土の原料としては水などによる洗浄を行なって除塩しているも

ピートモスは乾燥すると撥水してしまう

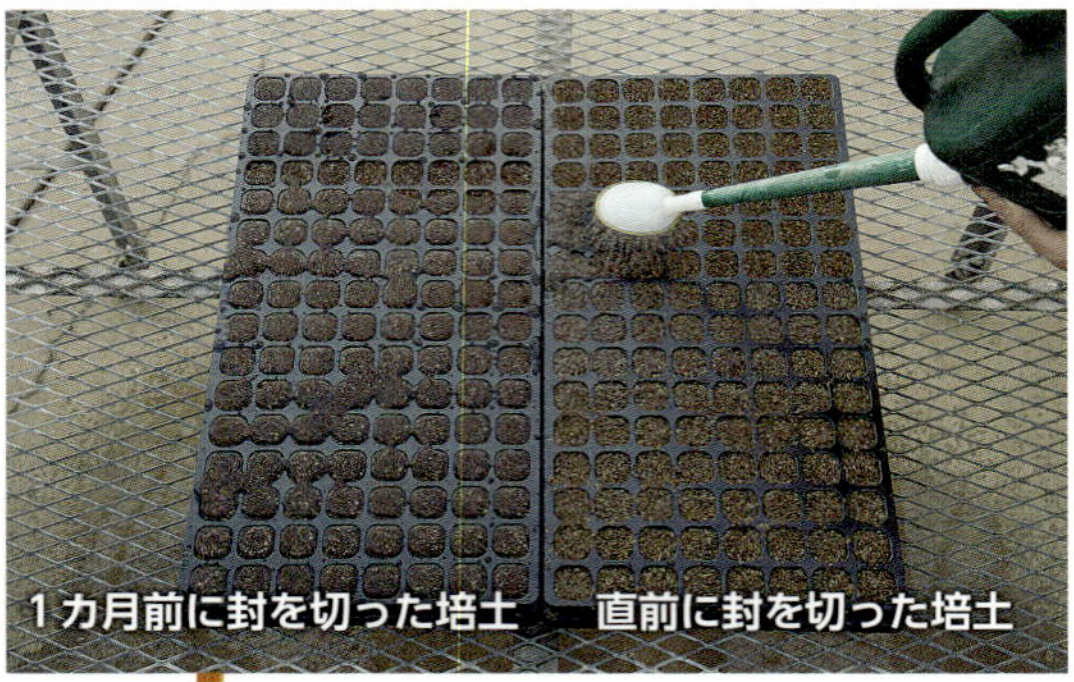

ピートモスを多く含む培土にかん水してみると……

乾燥が進むと簡単には浸み込まない

のが多く使用される。主産地はスリランカ、インドネシアなどであり、原料メーカーによって洗浄方法やその度合いが異なるため、ＥＣ値やその安定性に違いが生じる。

▼パーライト、ゼオライト 前者は保水力、後者は保肥力に優れる

パーライトは真珠岩を急激に加熱し、多数の気泡を発生させた軽石状の資材である。通気性、保水性、透水性に優れ、とくに保水力は土壌の五～六倍に達する。ただし、保肥力はほとんどない。

ゼオライトは沸石とも呼ばれ、日本では、ゼオライトを含む凝灰岩は関東や山陰など広く分布している。陽イオン交換容量が高く、保肥力を高めるうえで有効な資材であるが、物理性改善の効果は比較的小さい。カルシウムやナトリウムなどの塩類を多く含むので、pHは中性～弱アルカリ性である。

その他、市販培土の資材としてだけでなく、農家が手作りする育苗培土の材料としても使いやすいものに、バーク堆肥やモミガラ堆肥がある。バーク堆肥は樹皮を原料にした堆肥であり、土壌のすき間を増やして通気性や透水性、保水性などの物理性を良好にする役割をもつ。原料である樹木の種類や添加物、堆積の方法や期間などによって、品質は異なるため、各々の性質を考慮して活用されることが望ましい。

モミガラ堆肥もバーク堆肥と同様に培土の物理性に寄与する原料であり、身近に手に入る低コストな資材である。

育苗培土の品質調査法

それぞれの原料は産地や原料メーカーによってその特性が異なることが多く、培土メーカーは各原料を使いこなして適切な培土理化学性を維持することが求められる。しかし、ひとたび培土の品質事故が発生すると、農家の営農に甚大な影響を及ぼしてしまう。そのため、全農では育苗培土の望ましい品質として好適条件を独自に設定し、品質事故を未然に防ぐための品質調査を定期的に行なっている。

▼園芸用育苗培土 最大容水量に合わせた水管理を

園芸培土では物理性（水分、最大容水量、正常生育有効水分、気相率、全孔隙率）、化学性（pH、ＥＣ、水溶性

ヤシガラのＥＣを測ってみた

洗浄が不十分なヤシガラ

Combo

0.82mS/㎝
過多

十分洗浄されている洗浄ヤシガラ

Combo

0.04mS/㎝
適正

産地の原料メーカーによってバラツキがあるんです
シェイク！

大さじ2杯（30㎖）のヤシガラに、その5倍量の蒸留水を入れて1分間シェイクして測る

※ヤシガラには塩素やカリ、ナトリウムなどが多い。ヤシガラのECが高いと他の肥料成分の調整が困難になる

表２　園芸培土の好適条件

物理性						化学性				育苗性能
水分※1（%）	最大容水量（g/100g乾土）	正常生育有効水分（%）	気相率（%）	全孔隙率（%）	透水速度※2（秒/100㎖）	pH	EC（mS/㎝）	無機態チッソ	水溶性リン酸（mg/ℓ）	ブロック崩壊率（%）
40以下	60以上	20以上	15以上	75以上	600以下	5.8～7.0	1.2以下	製造設計に見合う含有量であること	10～400	25以下

※1　粉粒状培土の場合。粒状培土は15～22%。ピートモスを多く含む培土は基準を設けない
※2　培土100㎖を詰めた円筒管の上部から水を滴下し、100㎖の水が浸出する速度

リン酸）、育苗性能（生育、ブロック崩壊率）について好適条件を設定している（表2）。

最大容水量とは培土が保持できる最大の水分量を示し、この値が小さい場合はこまめにかん水を行なう必要がある。正常生育有効水分とは植物が吸収できる水分量を示す。ブロック崩壊率とは苗を本圃に移植する際の根鉢の崩壊性を示し、この値が大きいと、定植する際に鉢土が崩れ、根が露出し植え傷みの原因となる。生育調査はトマトを用いて草丈、葉数、地上部新鮮重を測定している。

▼セル成型苗用育苗培土　ピートモスの割合が多く、撥水性に注意

セル培土では物理性（全孔隙率、撥水性）、化学性（pH、EC、水溶性リン酸）、育苗性能（抜き取り株率）について好適条件を設定している（表3）。セル培土はピートモスの使用割合が多いため、撥水性に注意を要する。抜き取り株率とはセルトレイから苗が良好に抜けた割合で、根鉢形成の良し悪しを示す。セル苗は根鉢が形成されると断根されることなく抜き取ら

れ、播種から定植までの一貫した作業の機械化が可能となる。生育調査は対象作物をキャベツとして、発芽率、草丈、葉数、地上部新鮮重を測定している。

培土購入の際の見方と留意点

育苗培土を購入する際は、成分表示を確認し、使用する作物や育苗方法に適したものを選びたい。例えば、ネギを育苗する場合は育苗期間が長いため、培土に肥料成分が十分に入っている必要がある。さらに、イチゴを育苗する場合は、花芽分化を促すために肥料成分が入っていない培土を使用し、追肥で補う場合もあるが、地域によっては肥料が入った培土を使用する場合もあるだろう。

また、培土の袋に印字されている製造日も確認しておきたい。特にピートモスを多く含む培土では、撥水防止のために水分を比較的多く含むため、品質の経時変化を生じやすい。古い培土はカビが発生したり、チッソが形態変化をしていたり、乾燥して撥水性を生じている場合などがあることから、使用に際しては注意を要する。なるべく培土の買い置きは避け、前年に購入した培土は使用しないことが望ましい。

さらに、園芸培土やセル培土においては育苗期間中の培土に含まれるチッソは水とともに流出してしまうものもあるため、育苗後期の肥切れを起こさないよう、過剰かん水は避けることが望ましい。かん水管理に代表されるように、培土の品質だけでなく、育苗条件も良質苗生産に大きな影響を及ぼすことから、十分に留意したい。

現代農業二〇一七年三月号

乾物重の簡易検査法

10gの培土を湯飲み茶碗に入れ、500Wの電子レンジで2分30秒加熱（茶碗が高温になるので取り出しに注意）

※製品の水分量と乾物重がわかれば、実際にポット1杯分の培土に給水して重さの変化を測ることで、最大容水量を計算できる

表3　セル培土の好適条件

物理性		化学性				育苗性能
全孔隙率（%）	撥水性（有・無）	pH	EC（mS/cm）	無機態チッソ	水溶性リン酸（mg/ℓ）	抜き取り株率※（%）
85以上	無	5.8～7.0	1以下	製造設計に見合う含有量であること	10～300	80以上

※手で抜く場合。全自動移植機適応銘柄の場合は抜き取り株率95%以上とする

タネの量の話

Q タネ袋に「○○mℓ入り」って書いてあるけど、これじゃあ粒数がわかりません。例えばソラマメ二〇mℓって何粒ですか？

A **タネ屋には早見表があります。**

北相種苗●大用和男

確かにわかりにくいよね。でもね、じつはメーカーが出してる早見表がある。町のタネ屋さんはたいてい持ってるから見せてもらうといいよ（表）。ソラマメは二〇mℓで五〜一一粒だね。

　そもそもなんでタネはリットル表記（mℓやdℓ、ℓ）なのかというと、昔は升で量って売っていたから、その名残り。でも、キヌサヤでも小莢と中莢と大莢とでは、タネの大きさが違うから、同じ容量でも本当は粒数が全然違う。やっぱり、粒数がはっきり書いてあったほうがわかりやすいよね。

　だから、最近は内容量の欄に「○粒」って書いてあるのが増えてきた。一袋に、トウモロコシならだいたい二〇〇粒、キュウリは三五〇粒、キャベツやブロッコリー、カリフラワーなら二〇〇〇粒入れるとか、だいたいの一袋基準もできつつあるところだよ。（談）

現代農業二〇一八年二月号

創業約60年の北相種苗（神奈川県相模原市）、2代目社長の大用和男さん。お客さんは専業バリバリと家庭菜園規模とで半々くらい（依田賢吾撮影、下も）

タネの大きさは大小さまざま

種子量早見表　20mℓ当たり粒数の目安（タキイ種苗の資料を一部改変）

大玉トマト	1800	ダイコン	700〜1000
ミニトマト*	3100	大カブ・コカブ	6600〜7500
ナス	2000〜2400	ニンジン（除毛）	3500〜5000
ピーマン、トウガラシ、パプリカ	1500	ゴボウ	650〜800
キュウリ	480	タマネギ	2500〜3000
スイカ	250	ハクサイ	3500〜5000
メロン	300〜400	キャベツ	3000〜5000
ニガウリ	40〜60	ブロッコリー、カリフラワー	2500〜3500
エダマメ	45〜60	コマツナ	3500〜5000
実エンドウ、サヤエンドウ	40〜100	ミズナ	5000〜8000
つるありインゲン	20〜80	シュンギク	3000〜4500
つるなしインゲン	40〜60	セロリ	3万〜3万5000
ソラマメ	5〜11	レタス、リーフレタス	7000〜11500
ラッカセイ	11〜12	葉ネギ・根深ネギ	3000〜5000
オクラ	200	ホウレンソウ（丸粒）	Mは約900、Lは約600、ネーキッドは2300〜2600
スイートコーン	60		

*ミニトマトの種子の量は品種によって大きく異なる

タネの性格に合わせて培土を自家配合

三重県松阪市●青木恒男

育苗培土を自作すれば、機能性の向上もねらえるし、市販品よりも安くできる。直売所名人の青木恒男さんは、作物ごとに適した培土を自作している。

二〇一三年三月号、DVD「直売所名人が教える野菜づくりのコツと裏ワザ」より

タネの性格を考えて、発芽しやすいように育苗培土を自家配合する筆者

砂、有機物、粘土の3種類を配合

タネは発芽適温、水、酸素の三つが揃えば間違いなく生えるはずなのですが、実際には培土中の充分な水分と充分な酸素というのは相反する条件でもあります。播種・育苗用の培土は多くのメーカーから市販されていますが、どうも「帯に短したすきに長し」で多品目の野菜に万能のものは見つかりません。私はコスト面と野菜それぞれの発芽に適した条件を考えて、培土は自分で作るようにしています。

基本になる資材は、排水性と通気性を受け持つ「砂」と、保水性を受け持つ繊維質の「有機物」の二つ。砂は裏山から出る山砂、有機物はヤシガラ堆肥（ココナツピート）を容量比一：一～一：二の割合で混合し、必要に応じて肥料を保持する役目の「粘土質多めの市販培土」を混ぜて使います。

有機物としては、ピートモスやバーク堆肥も使えます。ただし、ピートモスにはpHの低いものや過湿になりやすいものがあったり、バーク堆肥には分解用のチッソや海水に由来するECの高いものがあったりするので、注意が必要です。

次ページの図はそれぞれのタネの性格に適した培土の混合割合をイメージ化したものです。

トウモロコシやマメ科

排水性がよく肥料分を含まない砂が主

トウモロコシやマメ科のタネは大きくて、定植まで苗が生長するために必要な栄養分はデンプンや脂肪の形で充分に蓄えています。培土に下手にチッソや過剰な水分があると邪魔、かえってカビや腐敗の原因になります。したがって排水性がよくて肥料分を含まない砂と、通気性と保水性がある有機物だけの混合でOK。特に肥料気を嫌うマメ科は砂のみに近い培土にしています。

なお、砂と有機物の混合は他の野菜も含め覆土にも使います。

ウリ科、ナス科、オクラなど

重くて肥料・水分を保つ粘土が主

ウリ科やナス科の野菜、オクラなどのタネは、比較的大きくて硬い種皮に包まれている「嫌光性種子」のグループです。うまくこの種皮を脱ぎ捨てて発芽させるために「重し」役の粘土の混合比率を多くし、やや深めに播種します。

特にカボチャやスイカなど平たく大きなタネは、トウモロコシのようにとがっているほうを下にして縦に播くと、帽子が脱げず発芽率が悪くなるので「平播き」します。また、これらの作物は共通して育苗期間が長いので、長期間安定して肥料と水分を保持してくれる粘土分が多く必要です。

レタスなどの好光性種子

光を通しやすい有機物が主

レタスなどの光が好きな野菜は、粘土とは対極にある軽くて光を通しやすい有機物の混合比率を多くし、浅めに播種します。

ハクサイなどのアブラナ科

粘土、砂、有機物を等分に

ハクサイ、キャベツ、ブロッコリーなどアブラナ科野菜のタネは、通気性、保水性ともによくないと発芽率が低いという共通項を持っています。また、丸くて小さなタネは子葉を展開させるまでの間の養分しか持っていないので、本葉三枚程度の定植苗になるまでの肥料分を持った培土が必要です。これらの野菜の播種には粘土、砂、有機物それぞれを等分に含んだ培土を使います。

現代農業二〇一七年三月号

インゲンの播種培土は肥料気のない山砂主体。肥料が入っていると腐ってしまう。青木さんは培土を入れたら、鎮圧の代わりにトレイを地面や箱などでトントンして土を落ち着かせる。タネまきは小指で穴を開け、人差し指と親指を使ってタネをひねりながら落としていく

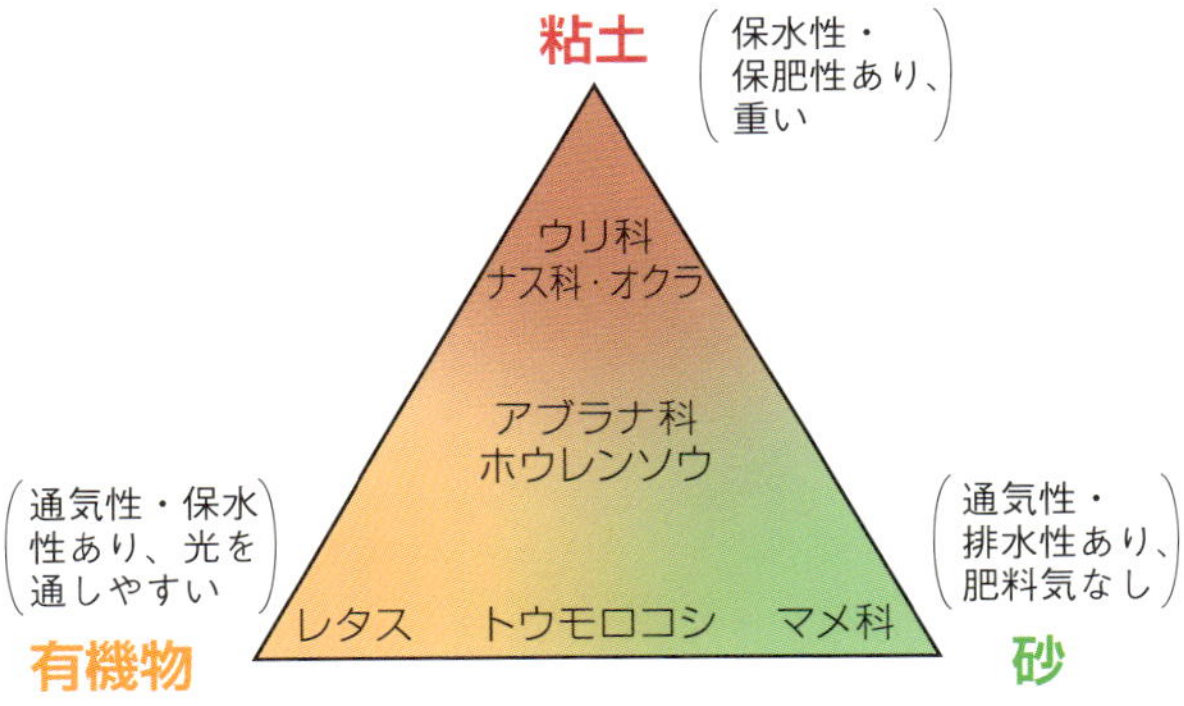

病気に強くなる自作培土
決め手は「山盛り」腐葉土にあり！

広島県三原市●中間素直さん

ここが裏山。足元で黒くなっているのは、1年前に集めておいた落ち葉が腐葉土になったもの。山のあちこちにこうして落ち葉を山盛りにしておくだけで、1年後にはちょうどよい腐葉土になる。南か東向きの光が差し込む場所に集めるのがポイント

「硬い苗をつくらにゃいけん」

徒長して茎が軟らかく、横に倒れてしまうようなことのない、丈が短くてがっちりした硬い苗。作目や品種にかかわらず、それが中間さんの目指す苗だ。

そういう硬い苗は、根もよく張っていて、たとえかん水が少し遅れてもへっちゃら。水をやればすぐにシャンとする。もちろん病気知らず。中間さんの苗は、近所の種苗店で一鉢一三〇円

腐葉土にはカブトムシの幼虫がたくさん。幼虫が増えるほど、よく分解されてベストな状態になる。山では幼虫を食べようとイノシシが落ち葉を掘ることもあるが、切り返しと考えればそれもまたよし

樹種は主にクヌギ（左の大きい葉）、コナラ（右側の小さい葉）。これが1年で、葉の下にあるような黒く粉々の腐葉土に変わる

育苗歴27年の中間さん（72歳）。手にしているのが自作培土。この培土で果菜を中心に約50品種の苗を年間3 ～ 4万鉢つくる

①は山で1年経った腐葉土、それをふるいにかけて大きさを揃えたもの（②）を培土に使う。③は踏み込み温床で使う落ち葉。温度を上げるために、踏み込み温床では分解が進んでいない落ち葉を使う。④は踏み込み温床で使い終わった後の落ち葉。分解がだいぶ進んでいる。さらにこれを2年ほど外に置くと、完全に分解して粉々になる⑤（2年越し腐葉土）。これも培土に利用する

腐葉土は、年末から1月下旬までかけて、運搬機で少しずつ山から運び出し、ハウスの中に積んでおく

育苗に使う踏み込み温床（使い終わった状態）。ナス科は芽出しまでは電熱線を使用するが、その後はやはり踏み込み温床に移して育苗する。これもまた徒長させないための工夫

3品種のソラマメの苗。ポットは必ず10.5㎝を使う。夏野菜の苗は1月末～3月上旬に播種して4～6月頃販売。午後3時以降はかん水せず、夜に水が切れた状態にすることも徒長させないコツ。そのためにも、水がサッとしみてスッと抜ける、排水性のよい培土であることが肝心

体積比で腐葉土4割、真砂土4割、残り2割はモミガラくん炭、2年越し腐葉土、ゼオライト入り牛糞堆肥をほぼ同量ずつ、撹拌機で混ぜる。ゼオライト入り牛糞堆肥は、JAから1袋500円程度で購入。ゼオライトが土中の余分なものを吸着することを期待して入れている

ほどで販売しているが、日持ちがすると評判。本圃での活着も早いと、町外からわざわざ買いにくる常連もいる。

硬い苗を育てる決め手は培土だと中間さん。とくに欠かせないのが、家の裏山で「山盛り」にしてつくる腐葉土だそうだ。同じ有機物でも購入バーク堆肥では代わりにならない。

中間さんの苗をしっかり土つくりができている畑に植えると、殺菌剤は不要、殺虫剤もほぼ植え穴処理だけですくすく育ち、糖度も高く味のよい野菜ができるという。

「山には畑よりもたくさん菌がいて、その中には有用な菌も多いはず。無菌ではなくて菌がたくさんいることがいいんじゃ。せっかく山があるんだから、そこにある有機物を菌ごと使えばいいと思うんじゃ」

中間さんの腐葉土づくりとは、自然の力を活用した小力技術のことだった。

現代農業二〇一七年三月号

モミガラくん炭で軽く二段式床土で根に優しく

秋田県仙北市●草薙洋子

赤土、モミガラくん炭、堆肥を混ぜた肥土。黒と茶色のバランスで土の混ざり具合をチェックする

ラクして培土を混ぜたい

私の苗つくりはかれこれ四〇年となります。お金と時間をかければ品質のよいものを量多くつくれはしますが、その二つをなるべくかけず、ずるい農業というのが私の基本です。布団に入っても頭だけは動いているという日々を重ねてきました。年とともに体力も徐々に衰え、重い土を持ちたくないという発想から、モミガラくん炭の培土への利用が始まりました。

タネを播く床土は図の通り。「肥土」は、カサで赤土五〇に対して堆肥とくん炭を二五ずつ加えて作る培土に、少量の肥料を混ぜたものです。タバコの苗づくりをしていた際に利用していた肥料が私にとって安価で使いやすい肥料でして、角スコップ八杯の培土に湯呑み一杯の肥料という配合です。

以前は材料をすべて一度に混ぜていましたが、だんだんラクを覚え、今は最初に肥料を一番軽いくん炭によく混ぜます。ハウスの中に、下から赤土、堆肥、赤土、肥料入りくん炭とサンド

播種床の構造

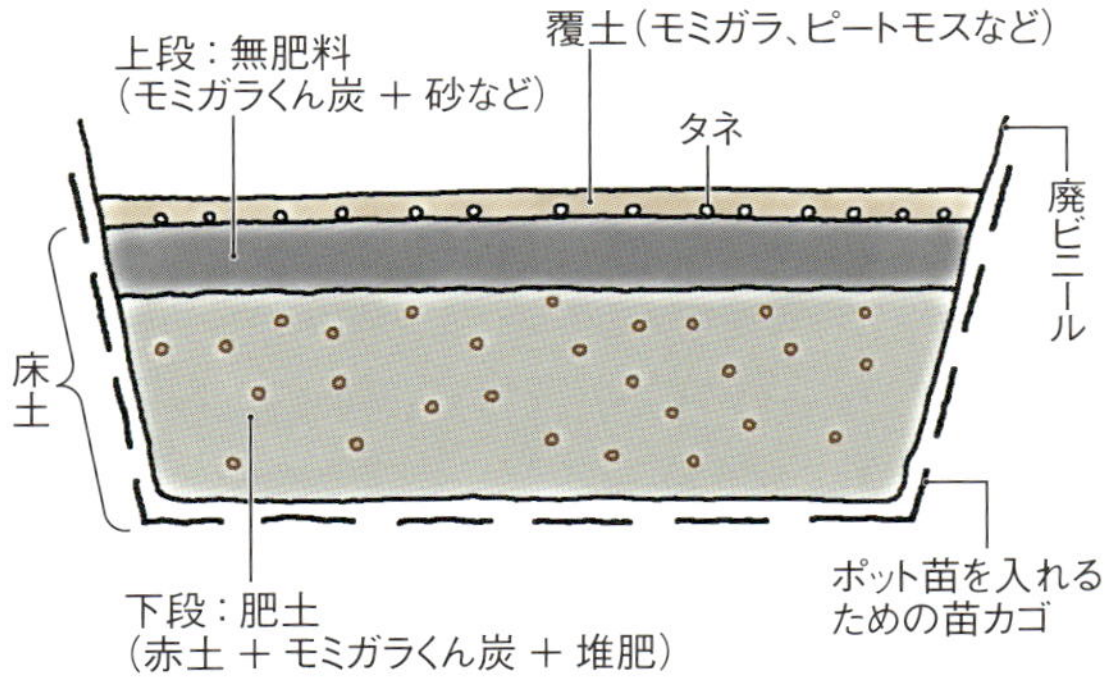

覆土は何年か野外に放置したモミガラなどを使い、高いタネにはピートモスを使う。この後、肥土を入れたポットに鉢上げ

雪が降る前に、ハウスの中に培土の材料を層にして重ねておき、播種前に縦に切り崩して混ぜ合わせる

イッチ状に積み上げ、それを三本鍬で縦に切り崩しますと、上下の層がほどよく混ざった肥土になります。

くん炭は、軽いのでカサ増しのためはもちろんですが、保水力がありながら水はけのよい培土にも一役買っています。そのためにモミガラの形をなるべく潰さないでおくことを心掛けております。層状に重ねるとき、くん炭を上のほうに積んでおき、重さで潰れないようにします。

二段式床土で健苗に

肥土は使う前に、土の色相を見て、配合割合がよいか必ずチェックします。栄養不足は苗の育ちが悪いだけですが、肥料分が多過ぎますと根が傷んで幼苗は死んでしまいますものね。

発芽してすぐに触れる土は無肥料のほうがよいと思い、床土は栄養バランスのよい肥土（下段）と、養分の極めて少ないくん炭、砂などを混ぜた土（上段）の二段方式にしております。肥土は苗カゴに八分目ぐらい、その上に養分の少ない土を二分目敷き、それにタネ播きして、モミガラやピートモスで覆土します。

覆土の厚みは、タネの厚みの二・五〜三倍を目安にします。覆土は上段の土と違う色なので、覆土の厚さがわかりやすく、厚く覆いすぎるのが防げます。

現代農業二〇一七年三月号

育苗箱の底にくん炭、根張りアップ

下の図のように育苗箱の底にモミガラくん炭を敷き詰めて発芽させたキュウリ。スコップですくい上げると、くん炭に毛細根が絡みついているのがわかる

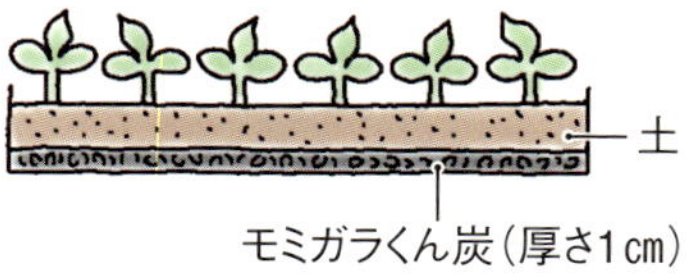

モミガラくん炭には根張りをよくする効果がある。

それを確かめるために、編集部で次のような実験をしてみた。播種箱（イネの育苗箱）の中に、一方は下（底）にくん炭を厚さ一㎝くらい敷き、その上に土を載せる。もう一方は土だけ。それぞれ、キュウリのタネを播いて発芽させた苗を比べてみると――。

結果は写真のとおり。根量が明らかに違う。くん炭を敷いた苗は確かに根が多くなるようだ。くん炭は気相率が高いので根も伸びや

床土の底にモミガラくん炭を厚さ1㎝敷いたところと土だけのところにキュウリを播種。発芽して本葉が出始めたときに根を見比べてみた

根を切らないようにスコップで土ごとすくってから、手で持ち上げてみた。培地を抱きかかえる量が全然違う

培地を水で洗って根を見てみると根量も違った

すいのかもしれないが、それだけではなさそうだ。よく見ると、くん炭の層に伸びた根から出た毛細根が、まるでくん炭を好むようにガッチリ抱きかかえている。

（『現代農業』二〇一〇年十二月号より）

くん炭とモミガラ堆肥でピートモス半減

年間80万鉢の苗をラクラク育苗

福島県湯川村●渡部貞雄

筆者。20鉢・10ℓ分の培土が入ったトレイはおよそ3.6kg。片手で持ち上げられるほど軽い（写真はすべて田中康弘撮影）

モミガラ培土で育てたパンジー苗は、根張りもバツグン

100町分のモミガラの山。これをモミガラ堆肥とモミガラくん炭にする

私が住んでいる福島県湯川村は面積一六・三㎢と狭く、その六七%が農用地で、山林、原野は〇%という水田単作地帯。そんな中で野菜苗と花壇苗を年間約八〇万鉢生産しています。年間の培土の使用量は三〇万～四〇万ℓです。

育苗培土に求められるのは、保水力、保肥力、通気性、それに軽さです。苗の大量生産に培土の軽量化は欠かせません。以前大量に使っていたピートモスは、軽いうえに保水力も保肥力も抜群でした。ところが近年の資材費高騰によりピートモスも値上がりし、材料の一層のコストダウンを迫られました。そこで注目したのが、この地で大量に出るモミガラです。

モミガラはくん炭と堆肥に

モミガラを培土の素材として見た場合、均一な形状で気相が確保できて軽いという長所がある一方、撥水性が高く濡れにくいという短所があります。そのためモミガラは、くん炭と堆肥にしてから使います。

くん炭は培土のいっそうの軽量化と気相の確保に使います。自作の前方後円墳窯で一度に二万ℓほどやき、炭化

モミガラ培土の作り方

材料の山と除雪機アタッチメントを付けたトラクタ

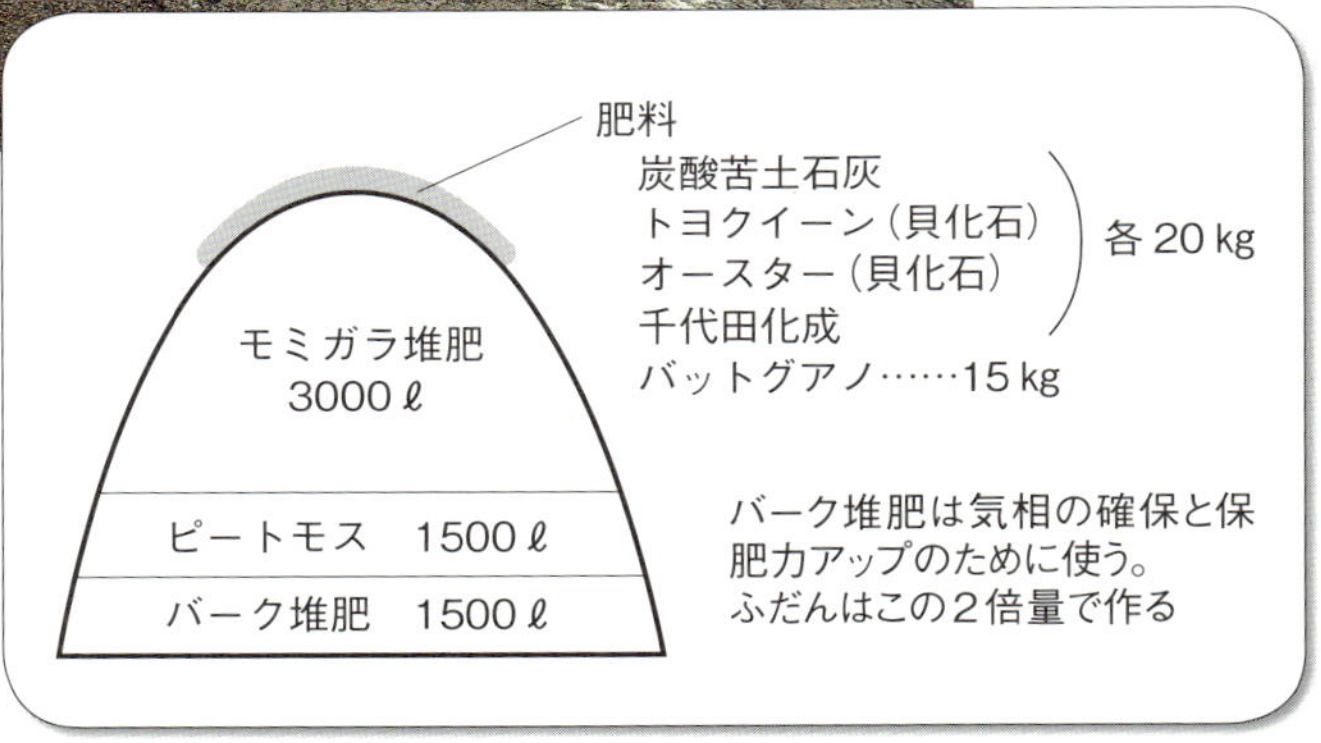

したら水没させて消火します（二〇一六年十月号参照）。こうすると、アルカリ分が水と一緒に流されて、培土に使ってもpHが高くなりません。

　モミガラ堆肥は、腐植による保水力と保肥力向上のために使います。いわばピートモスの代わりです。モミガラは決して堆肥になりやすい資材ではありませんが、リサール酵産㈱の指導で作っています。モミガラの山にカルスNC－Rを加え、米ヌカ、硫安をまき、C／N比が約三五になるように調整。水分を六〇～七〇％にすると五〇℃くらいまで温度が上がるので、ときどき水を足して切り返します。切り返しを三～四回繰り返せばモミガラ堆肥ができます。

　カルスは嫌気性菌と好気性菌を併せ持った菌資材で、米ヌカや硫安をエサにモミガラを分解して腐植を作ります。できあがったモミガラ堆肥は保水力も保肥力も抜群なうえ、とても軽い。おまけに堆肥中の菌の拮抗作用で苗が病気にかかりにくくなります。

　これらのおかげでピートモスの使用量を半分に減らし、コストダウンできました。

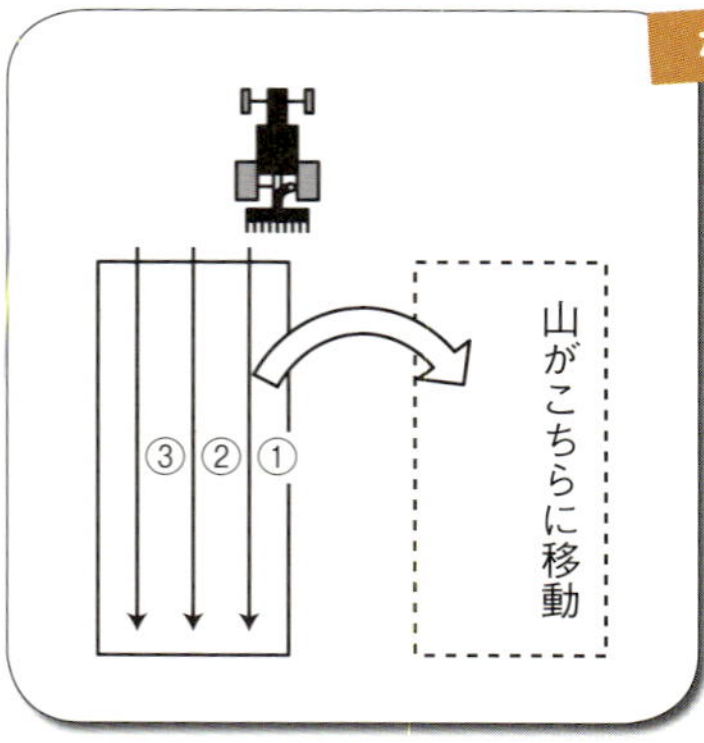

材量の混ぜ方

除雪機で材料の山を３回に分けて飛ばす。移動した山をもう一度、同じように飛ばして攪拌終了

材料の山を飛ばして攪拌している様子

完成した
モミガラ培土

モミガラくん炭は粒の形状を残したいので最後に混ぜる。約2500ℓのモミガラくん炭と材料の山をフォークリフトに取り付けたバケットで攪拌し、だいたい均一に混ざったら完成

くん炭以外の材料を除雪機で撹拌

さて、培土の作り方ですが、くん炭以外の材料を五一ページの図のように積んだ上に肥料（元肥）を散布します。材料に土は入れません。モミガラ堆肥が土の代わりにもなると考えているからです。材料は、トラクタに取り付けた除雪機で撹拌します。除雪機は一度にたくさんの材料を地際まで撹拌しつつ、固形物が残った材料も破砕できるので便利なのです。

ただし屋外で除雪機を使う時の注意点が二つあります。一つは一度に大量に撹拌しないこと。空気を含むと容積が増えるため、雪と同じようにやると詰まってしまいます。

二つ目は無風の時にやること。風向きによっては自分が材料を被ってしまうからです（経験済み）。

撹拌した山にモミガラくん炭をかけて切り返し、だいたい均一に混ざったら完成です。

できあがった培土は、水を含んだ状態で比重が〇・四以下と軽く、土詰め、運搬などがラクです。作業効率もアップしました。

現代農業二〇一七年三月号

種子消毒の話

Q 売っているタネはみんな種子消毒されているんですか?

A 無農薬のタネもある。消毒済みの場合はタネ袋にちゃんと書いてある。

タネ袋の裏を見て「チウラム剤処理一回」などと書いてあったら、それは農薬による種子消毒済みという意味。ベノミルとかキャプタン、イプロジオンやチアメトキサムなどもそう。

農薬名が書いてないからわかりにくいが、チウラムやベノミルは「ベンレート」の成分、キャプタンは「オーソサイド」、イプロジオンは「ロブラール」、チアメトキサムは「アクタラ」の成分だ。いずれも殺菌剤や殺虫剤で、カラスなどの鳥よけに効果があるものもある。

「チウラム剤・ベノミル剤処理各一回」とあれば「ベンレートT水和剤二〇」で種子消毒してある、ということ。野菜類のフザリウム菌やリゾクトニア菌による病害などに登録があって、例えばキュウリであれば、苗立枯病やつる枯病の予防効果が期待できる。

注意したいのは、この種子消毒も、農薬の使用回数に含まれること。キュウリにベンレート水和剤は四回使えるが、「チウラム剤・ベノミル剤処理各一回」とあるタネを買った場合、栽培中にはベンレートを残り三回しか使えないということだ。

種子消毒については表示義務があるから、消毒してある場合はタネ袋に必ず書いてある。逆に何も書いてなければ、無農薬のタネだと考えていいわけだ。

消毒済みのタネを誤って食べないように、紫やピンクで毒々しく着色している場合もあるが、こちらは義務ではないので、色がついてない場合もある。

現代農業二〇一八年二月号

病気を防いで、生育促進
カブトムシ糞培土のパワーを見よ！

山形県農業総合研究センター●森岡幹夫

ホウレンソウ苗立枯症状発生土壌に、カブトムシ培土を混和した試験。苗立枯症状の抑制効果が見られた

野積み廃菌床の中にカブトムシの幼虫がゴロゴロ

地域未利用資源を利用した土づくりは全国各地で行なわれていますが、山形県の最上地域ではキノコ栽培が盛んで、栽培後に廃棄される「キノコ廃菌床」は屋外で野積みされ、堆肥化して野菜栽培などに利用されています。その堆肥は野菜によく効くと評判ですが、よく観察してみると、野積み堆肥をひと掘りしただけでミミズやカブトムシの幼虫がゴロゴロ出てきます。また、カブトムシの幼虫が棲んでいたところは、フカフカして山の腐葉土と同じにおいが……。これは有機栽培の育苗培土に使えるのではないか、と思い試験研究に取り組んだのが一〇年前のことでした。

カブトムシ糞の堆肥と赤玉土を同量混ぜて培土に

このカブトムシ堆肥には、ナメコ廃菌床を屋外に二〜三カ月ほど堆積して一次発酵した廃菌床堆肥を利用します。発酵温度が下がり、ミミズが生息し始めた頃が目安になります。

カブトムシの効果を確認するため、二つの八〇〇ℓコンテナに廃菌床堆肥を詰め、一方に交尾したカブトムシ雌成虫を放飼した後、金網で蓋をしてコンテナ内に産卵させました。孵化したカブトムシ幼虫を翌年の七月までコンテナ内で生育させ、羽化後に回収したカブトムシ堆肥と細粒赤玉土を容積比で一：一に混和したものを「カブトムシ培土」としました。

もう一方にはカブトムシを放飼せず同期間コンテナで堆積し、同様に作製した培土を「廃菌床培土」とし、野菜苗の育苗培土に利用して比較しました。

作製した育苗培土の特徴

育苗培土の種類	pH	無機態チッソ (g/kg)	可給態チッソ (g/kg)	最大保水量 (g/100mℓ)	細菌数 (×10^7cfu/g)	微生物ATP量 (mg /kg)	カビの発生程度
カブトムシ培土	5.86	0.32	0.51	55.5	0.43	0.078	−
廃菌床培土	6.13	0.35	0.56	40.8	0.63	0.198	＋
市販園芸培土	5.64	0.87	0.03	46.1	1.69	0.409	＋

注）細菌数は、希釈平板法による土壌細菌のコロニー数
ATP量は、土壌微生物（細菌、糸状菌等）由来のATP含量
カビの発生程度は育苗中の達観調査による（−発生なし、＋発生あり）

堆肥の保水率

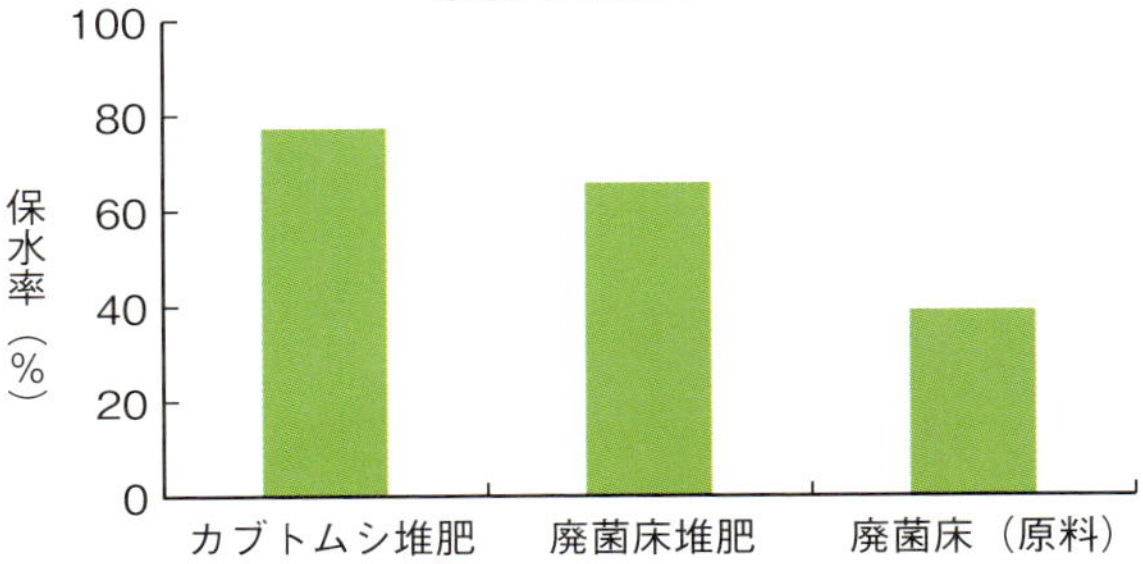

メロン苗の乾物重

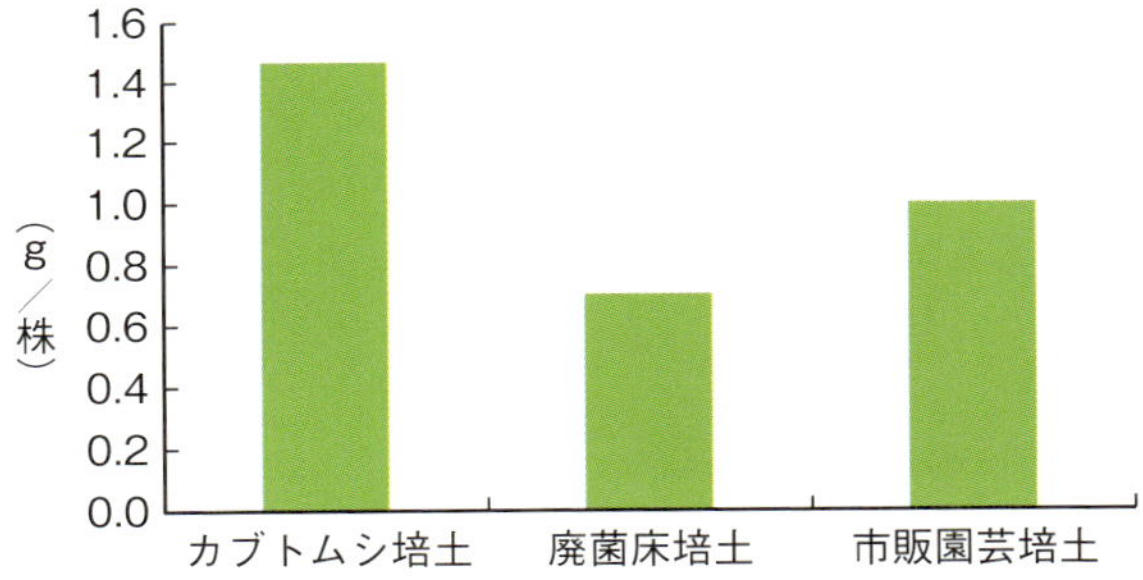

生育促進効果がある

カブトムシ培土は、市販の園芸用培土に比べて作物に直接吸収される無機態チッソが半分以下でしたが、微生物により徐々に分解されて吸収される可給態チッソ（タンパク質やアミノ酸）が一七倍ありました（廃菌床培土は約一九倍）。また、保水率は約一・二倍と優れており、土壌微生物の活動量を示すATP量は約五分の一、細菌数は約四分の一と少ないなどの特徴が見られました。

作製した培土を用いて、キャベツ、トマト、キュウリ、ナス、メロンの五品目の野菜苗を育苗しました。結果、カブトムシ培土を用いた場合の苗の生育量は、市販園芸用培土と比較して、キャベツ、キュウリ苗で同等、トマト、ナスおよびメロン苗では多くなりました。一方、廃菌床培土を用いた場合の生育量は、市販園芸用培土と比較してキュウリ苗のみ同等で、他の四品目ではいずれも少なくなりました。両培土とも市販園芸用培土よりも無機態チッソ量が少ないため生育が劣ると予想されました。廃菌床培土ではおおむね予想通りの結果となりましたが、カブトムシ培土では野菜五品目で同等以上の生育量が見られたことから、この培土には何らかの生育促進物質の存在が考えられました。

病気やカビを寄せ付けない

さらに、ホウレンソウの苗立枯症状が発生している畑の土壌に、それぞれ三種類の培土を容積比一〇%または二〇%となるように混和し、ホウレンソウを栽培して苗立枯症状の発症率について調査しました。その結果、カブトムシ培土を混和した場合は、市販園芸

カブトムシ培土の作り方

5～7月

キノコ廃菌床を屋外に堆積して1次発酵させ、廃菌床堆肥をつくる。発酵温度が下がり、ミミズが生息し始めたら廃菌床堆肥の完成

7月～翌年7月

800ℓコンテナに廃菌床堆肥を満たし、交尾したカブトムシ雌成虫を放飼。金網で蓋をして産卵させる

1年後、コンテナの中は、廃菌床を食べたカブトムシの幼虫の糞でいっぱいになる。できあがったカブトムシ糞の堆肥と細粒赤玉土を容積比で1：1に混和する

ホウレンソウの生育と苗立枯症状の抑制効果試験

	立枯症状発生土壌に混和した培土の割合					
	10%混合			20%混合		
	葉数（枚）	乾物重（g/株）	病害率（%）	葉数（枚）	乾物重（g/株）	病害率（%）
カブトムシ培土	8.0	0.80	5	9.5	1.03	0
廃菌床培土	8.3	0.63	16	8.5	0.86	5
市販園芸培土	9.3	0.84	16	9.6	1.27	5

培土と比較して苗立枯症状の発症率が低下する傾向が見られました。この発症抑制作用は、廃菌床培土では見られず、カブトムシ培土でのみ見られました。

　また、市販の有機育苗培土は育苗中に土壌の表面にカビや藻の発生が見られることがありますが、カブトムシ培土では見られませんでした。理由は不明ですが、カブトムシ堆肥の効果と考えられました。

　カブトムシは生体防御機構として抗菌性タンパク質（カブトムシディフェンシン）を体液中に誘導することが確認されています。このような物質が関係して、カブトムシ培土には抗菌物質や拮抗菌が存在しているのかもしれません。

カブトムシ糞の堆肥を8年間冷蔵庫で保存した。水分があるにもかかわらず、カビは一切生えていない

サンプルとして冷蔵庫に保管していた八年前に作製したカブトムシ堆肥は、カビの発生などがなく今でもしっとりとしています。これもカブトムシのパワーなのでしょうか。

カブトムシ培土の実用化に向けて

　カブトムシ培土を実用化するためには少し改良が必要です。

　原料となるカブトムシ堆肥は、露地にナメコ廃菌床を積んでおけば自然にカブトムシが産卵してできますが、品質を安定させるためにはカブトムシの幼虫に適した環境と生育密度を確保する必要があります。

　加えて、水稲や野菜の種類に合わせた育苗培土を作製するために、カブトムシ堆肥と混合する土壌、資材、肥料の種類や割合を変える必要があります。有機育苗培土として未熟な有機物である米ヌカや油粕を多く混ぜると、根腐れを起こす危険があるので注意が必要です。

　ぜひ、みなさんも生物のパワーを利用して、堆肥や育苗培土づくりに挑戦してみませんか。

現代農業二〇一七年三月号

水平ふるい載せ台と簡易ポット床土入れ器

茨城●魚住道郎

水平ふるい載せ台。おやじの遺品となったふるいに取っ手を付けて、2本の竹棒の上を転がしてふるう。竹棒の内側にボルトを通して、竹がなめらかに回転するように、矢印の部分にボールベアリングを入れた

簡易ポット床土入れ器。水稲育苗箱の内側に収まるサイズに木枠を作り、トンネル杭の銅線を切断して仕切りにする。ゴムマットを蝶番で固定して、升目に合わせて穴を開けた。升目にポットを並べてゴムマットでふたをし、上から腐葉土を詰める

腐葉土を育苗培土に使う場合、ふるって細かい粒状に整えたほうがセルトレイやポットに入れやすく、生育も揃いやすくなります。その際、以前はふるいを一本の丸棒の上で転がしていました。しかし、棒が転がっていってしまうし、作業を途中で止める時にふるいをいったん外さねばなりませんでした。そこで、竹棒を二本水平に並べ、その上を安定的に転がせるふるい台を考案しました。おかげで、ふるいは常に水平を保ち、作業がスムーズに、気兼ねなく途中で中断できるようにもなりました。

簡易ポット床土入れ器は、ふるった培土を、水稲育苗箱に並べたポットにきれいに手早く入れたい。しかも、三寸五分ポットでも、二寸五分のような小さなポットでも使えるといいなと考えて作りました。育苗時期に大活躍しています。

現代農業二〇一七年三月号

第2章

苗づくりのコツと実際

エダマメの断根挿し木育苗。子葉の次の初生葉が出た段階で、根と生長点を切って、挿し木した苗（125ページ）

「大野芋」の種イモ。150芽以上ある腋芽の一芽一芽がそれぞれ萌芽、生長する能力を持っている（110ページ）

夏の果菜類は遅播きでラクラク育苗

福島県いわき市●東山広幸

育苗というと、やったことのない方にはハードルが高そうだが、いざやってみるとわりと簡単だ。特に有機栽培を行なっているのなら、苗から自分でつくらなくては本当の「有機」とはいえない。

遅播きがラク、収穫時期も変わらない

タネ袋を見ると、夏野菜のナスやトマト、ピーマンなどの播種は、一般地では二月末となっている。しかし、この頃はまだ寒さがかなり厳しく、その通りに播くと温度管理に苦労する。

これを三月半ば（自家用なら彼岸明け。スイカは四月上旬以降、キュウリは四月半ば以降）にずらせば、管理はかなりラクになる。しかも、気温がどんどん上がる時期なので、苗の完成までは、二月末に播種したものと一週間かせいぜい一〇日ほどしか違わない。

ホームセンターなどで、定植には早過ぎる時期から苗を販売するものだから、たいていの農家は地温が上がらないうちに苗を植えて、そのせいで苗を枯らしたり、こじくれ（いじけ）させたりしている。霜が当たるのは論外だが、ほとんどの夏野菜にとっては地温が命であり、根が温まらない限り早く定植してもなんの意味もない（キュウリなどは枯れることも多い）。

地域によって定植適期は異なるが、私のところなら五月の中旬から下旬。これより早く植えても収穫時期はなんぼも変わらない。早出しする農家はいくらでもいるので、最近では少しぐらい早く出荷しても珍しくない。ラクして遅くつくったほうがずっと得である。

苗を販売するのは
娘を嫁に出すようなもの。
まだ寒い時期には
売りませんよ

モミガラ堆肥（矢印）を広げただけの超簡易温床においたカボチャ苗。この頃は温床の温度も下がっているが、葉が展開してきたら間隔をあけて徒長を防ぐ

鉢上げした苗はモミガラと米ヌカだけの超簡易温床に置く

発芽については二〇一三年三月号を参照してほしい。問題は鉢上げである。鉢上げは胚軸（タネから伸びる

茎）が徒長する前に行なう。プラグトレイなら、根が巻かないうちに行なう（私は根巻きしないペーパーポットを使う）。

鉢上げした苗は、必ず暖かい温床の上に置かなくてはならない。苗にとって鉢上げは大手術であり、手術後はＩＣＵ（集中治療室）での管理が必要である。根がすぐ動く温度で管理することによってのみ、後遺症を残さず順調に生育を進めることができる。

ところが一〇・五cmのポリポットへの鉢上げで、広い置き場所が必要になり温床の用意は大変である。ここで登場するのが、モミガラと米ヌカのみで積む超簡易温床である。雨ざらしにしたモミガラ（乾いていたら水を足す）に米ヌカを混ぜるだけの堆肥（詳しくは二〇一〇年十月号二一二ページやＤＶＤブック「モミガラを使いこなす」）だが、この堆肥をハウスの中で仕込む。通常の堆肥には生ゴミも少し入れたりするのだが、この場合は入れず、米ヌカもずっと少なめでいい。

積むのは四月、モミガラ一〇に対して米ヌカ一、ハウスの中なら二日ほどで温度が上がってくる。できれば一回切り返して発酵が均一になってから、踏んで厚さ二〇～二五cmほどに広げる。上にラブシートか透水性のいい防草シートでも広げてから、鉢上げしたばかりの苗を載せた苗箱を並べる。

この温床の発酵熱はほんの数日しかもたないのだが、苗が手術から回復するのには十分であり、あとは無加温ハウス内の温度（暖かい日には適当に換気）でがっちり育ってもらう。もちろん、冷え込みの厳しい夜には保温シートをかけて寒さによる障害を防ぐ。

ちなみに、米ヌカを足して切り返すことでこの温床は数回利用できる。早く育った苗から出して、切り返して次の苗に使う。育苗シーズンが終わったら、切り返してモミガラ堆肥として使うこともでき、まったくムダがない。

定植前は低温で厳しく

定植適期に近づき、苗が大きくなってきたら、ポットの間隔を広げて徒長を防止する。定植数日前からは露地に置いて外気温に慣らす。定植の際にも根が傷むわけだから、必ず定植後のほうが居心地よくなるように、定植前の環境条件は厳しくしたほうが順調に育つ。

ただし、キュウリとスイカだけは別。夜温が一〇度を下回る日はハウス内に避難させたほうが無難である。こいつらは苗のうちは寒さにめっぽう弱いからだ。

現代農業二〇一三年四月号

私の育苗時期

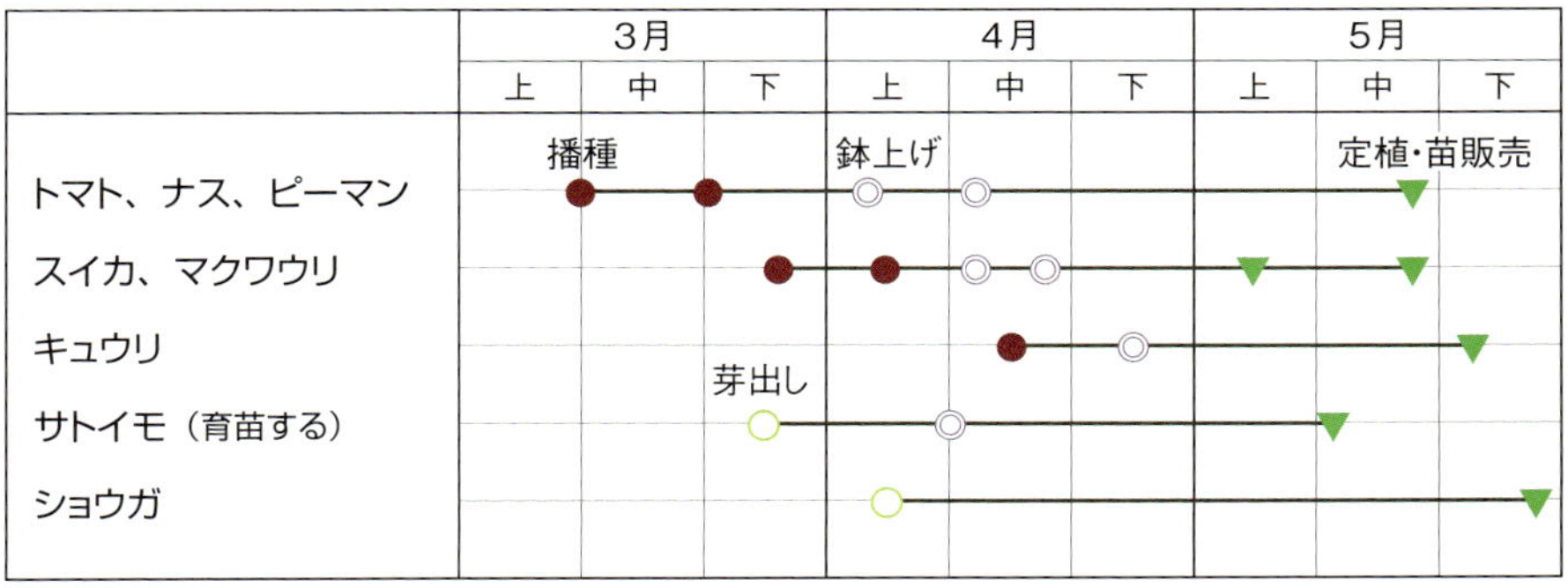

果菜類の苗は販売もしている。自家用だけなら播種と鉢上げ時期を1週間～ 10日遅らせたほうがもっとラク

メロン苗

低温育苗＋地温温水かん水で霜降りのような細根に変わった！

京都府京丹後市●的場良一

低温発芽・育苗メロンの根。タコ足状に細根がびっしり

京丹後市久美浜町は、京都府の北部、兵庫県との県境に位置した町です。的場農場はこの町の、日本海に面した丹後砂丘で祖父の代から続く砂丘園芸農家です。

私自身はメロンを栽培して四三年が経ちます。現在、新芳露《しんほうろ》メロンを中心に黄美香《きみか》、市場小路《いちばこうじ》、オルフェメロンを約八〇aと、姫甘泉《ひめかんせん》スイカを一五a栽培しています。七月上・中旬頃から盆頃までの収穫で、ちょうどお中元物として皆様にご利用いただいています。

幻のメロン「新芳露」

私が就農当時よりもっともこだわってつくり続けているのが新芳露メロンです。露地トンネル栽培に適した古い品種で、全国的に見ても産地がほとんどなく、この地域でも数軒を数えるだけだと思われます。

筆者（中央）と家族

というのも、新芳露は栽培が非常に難しいのです。最近は、病気に対する抵抗性を備えている品種が多いのですが、このメロンだけは違い、特にうどんこ病やべと病などに対する抵抗性が乏しい。また、生育過程で開花前に低温が続くと着果しにくく、さらに後半の暑さにも弱い。そして、収穫後の日持ちが悪いため市場性が弱く、店頭販売にはまったく向いていない、そんなメロンです。

しかし、他の品種と比べ、肉質は少し軟らかく、漂う香りとまろやかさ、口の中に広がる深い味わいはとても上品で、食べた人に満足していただけるメロンです。

栽培が思うようにいかないことが多く、いく度もやめようかと思いました。しかし、お客さんに「こんなおいしいメロン初めて食べたよ」と言われるたびに、思い直して次の年もメロンを育て、そして四〇年以上が経ちました。

片山悦郎氏と出会い育苗の常識が一変

私が、新芳露メロンの育て方でいつも悩んでいた頃、ちょうど一〇年前くらいになると思いますが、ある研修会で土微研の片山悦郎氏の講義を拝聴しました。片山氏の自信に満ちた講義は、私を圧倒しました。なにかしら、長いトンネルの先に一つの光明を見たような、体の中に雷光が走ったような気分にさせられたことを覚えています。

片山氏の作物に対する思いや月の満ち欠け、金星の周期による作物の生育の変化、土壌診断などなど、それらの教えすべてが、今の私のメロン栽培の根底にあります。

なかでも育苗については、今までの常識がまるで一変してしまいました。

低温育苗の温度管理

私は、播種から定植までの育苗期間こそが、メロンの一生の八〇～九〇％を決める、とても大事な期間であると思っています。メロンの一生は、発根時からいかに強い細かい根をたくさん張らせるか、いかに「徒長根」を張らせないかで、ほぼ決まってきます。片山氏から学んだ技術を交えて、その温度管理を中心にご紹介します。

▼五℃の冷水で浸種

大自然の中で、植物（メロン）の種子は寒い冬を越し、水分をたっぷり吸って春を迎えます。最低地温が一四℃くらいになると、まずじっくりと発根

極上だが気難しい新芳露メロン。個人直販のほか、百貨店でも販売。果皮が右のように黄化してきたら食べごろ

し、それから発芽します。

そこで私は容器に水を張って種子を浸け、五℃以下の冷蔵庫に五日間入れます。冷蔵庫から出したら発芽促進剤（きのこエキスの「シャングー」）に半日浸し、布などで水分をよくふき取ってから播種します。

▼一六℃で芽出し

床土には、排水良好で肥料成分の少ない砂を使用。育苗床には電熱線を張って、サーモスタットで温度管理しています。

3月上旬、低温（16℃）でじっくり発芽させたメロン。種皮を土中に置いてくる

メロンの場合、一般的には、設定温度を二八℃前後にして三日間くらいで発芽させます。すると、確かに発芽揃いがよく、双葉や本葉一枚目も大きくて元気そうに見えます。

しかし、急いで発芽した苗は、地上部が優先してタネの養分を急激に食い尽くしてしまいます。その苗は根の数が少なく、軟弱に育ち、栄養生長に偏った徒長苗となります。

本来、メロンの根は八℃以下、根毛は一四℃以下で低温障害を起こし、根傷みを誘発するそうです。そこで私は、夜間最低地温を一六℃にセットして発芽させます。発芽には七～八日かかりますが、低温発芽させることによって、細かい根を出してじっくりと育っていき、皮かぶりも少ない状態で発芽します。

▼徐々に温度を下げて育苗

接ぎ木直後の養生期間は最低温度二三℃くらいを目安とし、そこから徐々に下げていきます。接ぎ木後、一週間くらいかけて日中の外気に慣らし（被覆の換気回数を増やす）、鉢上げへと進みます。

鉢上げには乳白ポットを使います。黒ポットは温度が上がりやすく、光を透さず、徒長根になるからです。

一般的な指導では、播種から定植までの育苗日数を三〇日前後としていますが、私は、四五日から五〇日かけてじっくりと育てます。鉢上げから定植までの夜間最低温度は一八℃に設定し、定植前になると徐々に温度を下げ、最終的に一五℃設定で温度管理しています（普通は二〇～二二℃が目安）。高温で管理すると根数が少ない徒長苗となり、弱い性質の苗になってしまいます。

二〇～二五℃に温めてかん水

一般的なやり方に比べて、低温で発芽、育苗しますが、かん水は逆に地下水を少し温めて使うようにしています。冷たい水を多量にかん水すると、根にストレスを与え、硝酸が溜まって根傷みを起こし、新根の発生が少なく弱くなってしまいます。そういう根は徒長して、ポット内に太くとぐろを巻くように伸びます。そしてやはり、徒長苗となります。

そこで、私は二〇～二五℃に温め

的場農場の苗

低温発芽・育苗、20 ～ 25℃の少量かん水で正常に育った苗の「霜降り状」の根

根鉢を崩したところ。正常な苗の根の長さはこれくらい

普通の苗（同品種）

普通の管理（高温発芽・育苗、冷水の多かん水）で弱い根が伸びた苗

根鉢を崩すと根が徒長している。「徒長根」と呼んでいる

た地下水でかん水しています（地温水）。播種から接ぎ木するまでは、土や苗の状況を見ながら最小限のかん水とし、鉢上げ後もポット一つ一つに苗の生育に合わせ、少量ずつ（一〇〜三〇cc）、午前中にかん水します。

定植後の管理もじっくりゆっくり育てることがとても大切です。かん水には、やはり冷たくない水を株元に必要最小限施す程度です。定植後一カ月くらいはあまり大きくならず、本葉も小さいのですが、がっちり生長して、中後半には見違えるように本葉が立ち、しっかりとした樹に育ちます。

冷たい水は根毛を傷め、細根の発生を抑えてしまう。20〜25℃に温めた水を、1ポットずつ生育に合わせてかん水

接ぎ木後は徐々に温度を下げて育苗。普通の1.5倍以上の日数をかけてじっくり育てる

霜降りのような細根で病気や異常気象に強くなる

低温発芽、低温育苗、冷たくない水での少量かん水でじっくり時間をかけることで、まるで牛肉の霜降りのような、細かい強い根をたくさん張り巡らすことができます。

細かい根が張っていれば、ミネラルが十分吸え、硝酸態チッソの同化能力も高まり、メロンの生育が健全になります。その結果、病気に対する免疫力が高まり、多少の異常気象にも耐え得るメロンになると思います。作物が持っている特質を最大限引き出せるので、もちろん品質や味、香りにも表現されてきます。

新芳露メロンは、とてもデリケートなメロンです。今もって完全とはいえません。もっと勉強し、安定的に収穫できるようにしていきたいと思っています。

京丹後は自然にも恵まれ、美味しい食べ物もたくさんあります。もっと多くの人に知ってもらい、この地に来ていただき、地域を活性化できればと考えています。

現代農業二〇一七年四月号

ミニトマト

挿し木苗のじゃじゃ馬不定根を味方につけて多収する

千葉県匝瑳市●大木　寛さん

連続摘心で捻枝したミニトマトの成り枝を持ち上げて見せる大木寛さん。ハウス65aでミニトマトなど栽培（写真はすべて赤松富仁撮影）

不定根は悪いやつか？

「不定根」と聞いて、みなさんはどんなイメージをお持ちだろうか。

ダイズなら、土寄せすると不定根が発生して増収することは知られている。果菜類などでは、種子根よりも不定根が多いと、樹が暴れたり、上根型になってバテやすいという人がいる。

作目にもよるだろうが、「いいやつ」なのか「悪いやつ」なのか、いまいち正体が不明だ。

「不定根は力があるから、地上部より根っこ優先の生育になりやすいんです。不定根をうまく使えれば、作物の力を引き出せると思います」

というのは、千葉県でミニトマトをつくる大木寛さん。「連続摘心」で一〇a一八t以上もの収量を上げている。

不定根頼みの挿し木苗

大木さんのトマトは、青枯病が出る畑を除いて、ほとんど挿し木苗をつくって植えている。挿し木苗は種子根がない。つまり不定根だけに頼る苗ということである。トマトの挿し木苗といえば、普通はわき芽を挿すやり方を思い浮かべるが、大木さんの挿し木法は葉を一枚つけて寸断した茎を挿す「葉挿し」や、本葉を摘心して断根挿し木する「子葉挿し」など独創的だ（二〇一一年七月号参照）。

挿し木苗の最大のメリットは、種苗代がかからないこと。一株からほぼ無限に増殖可能だ。大木さんも種苗代減らしで始めたのだが、そのうち不定根の秘めたる力に魅力を感じるようになったという。

うまく活かせば暴れない、バテない

トマトは初期の樹勢を抑えることが大切だ。栄養生長気味にしてしまうと着果が悪くなるからだ。不定根が勢い余って突っ走るように伸びてしまうと、樹勢が強くなりすぎる心配がある。それに直根がなく上根だけでは、生育後半に突然バテたりしないだろうか……。

「管理に気をつければ、初期に暴れて困ることなんてありません。栄養生長気味の樹勢ってのは、根が少なくて地上部ばかり伸びた時を指すと思うんですよ。不定根は地上部よりも優先的に伸びるから樹勢が強くなりすぎることはまずないです。後半だってバテるどころかどんどん実が着くし、むしろとり切れなくて困るくらいですよ」

①葉を1枚つけて茎を寸断。大きい葉は葉先を切る

②セルトレイに挿す。真夏以外は遮光しない。培土は乾かし気味に管理し、萎れは葉水で防ぐ（この管理がいちばん発根が早い）

③2週間で鉢上げ。その後2週間で定植

葉1枚つけて切った茎をセルトレイの培土に挿す「葉挿し」

挿して10日目の葉挿し苗の根、あと数日で鉢上げできる。太く長い不定根が伸びている。葉のつけ根から出た芽が主枝になる

インゲンの節間が詰まって莢がびっしり！

二〇年くらい前、大木さんが最初に不定根の力を感じたのはインゲンだ。「インゲンを断根挿し木すると収量が上がる」という話を聞いて試してみた。すると地上部の節間が詰まって、今まで見たことのないような不思議な樹姿に。そしてその詰まった節にびっしりと莢がついたのだ。

トマトには最初、ミニではなく大玉で挿し木を試した。いろんな挿し木のやり方を試すうちに、葉が一枚あればそのつけ根から芽を出して茎になることがわかった（これが「葉挿し」）。これなら一度にたくさん増殖できて種苗代は超安上がり。大木さんはじゃんじゃん挿し木苗をつくるようになった。

連続摘心と相性バッチリ

大木さんは三〇年くらい前から、千葉県の青木宏史さん（現・みかど化工）が考案した「トマトの連続摘心栽培」を取り入れてきた。連続摘心は二〜三段ごとに摘心と捻枝をし、わき芽を新しい主枝にする仕立て方。一株の着果数が従来の仕立ての二倍以上ねらえる多収技術だ。

この連続摘心と、挿し木苗はとても相性がよく、生育後半まで安定してとれるようになった。

連続摘心は一段果房がとれ始める時にはすでにその上に一二〜一三段も着果（花）している。一般的な一本仕立てではせいぜい五段だから、連続摘心では初期から樹に力が要りそうだ。

「根ができてないのに、地上部の形だけ連続摘心にしても失敗しますよ」と、大木さん。根が強くなければ、それだけの着果を支えることはできないというわけだ。その点挿し木苗の不定根には力があった。大木さんが挿し木の発根力を確認したのは、セルに挿した苗をポットに鉢上げする時。今までのセル苗とは根量の多さが全然違ったのだ。

トマトの連続摘心栽培

第２果房が開花したら、その上葉２枚を残して生長点を摘心。第１果房の基部から捻枝。新たに第１果房直下のわき芽が主枝になる。その後も２～３果房ずつ摘心、捻枝、わき芽を主枝に、を繰り返す。大木さんは現在、ミニトマト用の改良式（左）を用いている。

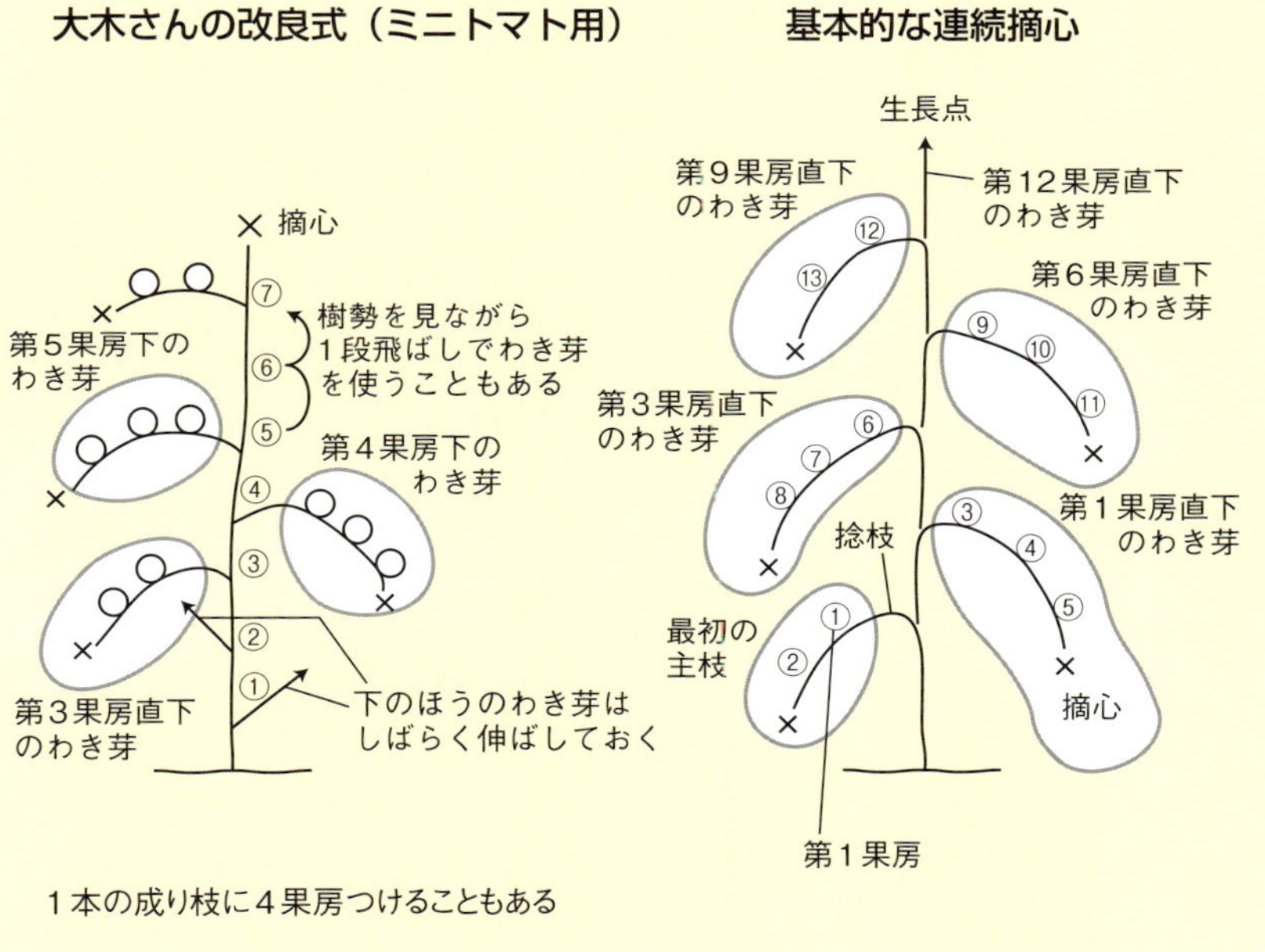

不定根を味方につけるには？

力があって突っ走る気まんまんの不定根、こいつをどう味方につけるか。連続摘心との相性に加えて、大木さん流の不定根の御し方がある。

❶ポットごと定植で個体管理

挿し木と同時期に取り入れたのが「ポットごと定植」（二〇一〇年四月号参照）。その名の通り、苗をポットごと本圃に定植してしまう方法である。

挿し木苗は、そのずば抜けた発根力が魅力ではあったが、定植後の生育にバラツキが出た時には修正が難しかった。でもポットごと定植なら、定植後もポットに直接水をやれるので、個体管理がかんたん。樹勢が強すぎる株は、かん水を控えるか、ごく少なめに。それでも治まらない時はポットを少し動かせば、根が切れて落ちつかせることができた。

ここ何年かはミニトマトが主体になったので、大玉トマトほど樹勢を抑える必要はなくなったが、ポットごとのかん水で初期生育は揃えている。

❷ポットごと定植で根を突っ走らせない

不定根にとって、ポットごと定植の利点はまだある。大木さんは、底に穴が五つ開いたポリポット（中心に一つと、縁に四つ）を使っているが、どんなに勢いのある不定根でも、ポットの穴からしか根が出せなければ、勢いに任せて伸びることはできない。穴から出た頃には、「伸びグセのついていない根」になるという。大木さんは地上部と同じく根も徒長させないほうがいいと考えていて、そういう根は毛細根がたくさん出るというのだ。

❸不耕起＆元肥ゼロで根の力を引き出す

ハウス土壌は不耕起で、前作（ミズナなど）収穫後そのまま定植している。機械耕耘のように軟らかすぎない土は、根が突っ走るのをさらに抑えると考えているからだ。

また元肥は前作の残肥だけ。追肥は生育を見ながら有機肥料と米ヌカを表面施用する。かん水は、定植後のポットへの直接かん水以後は、株元のかん水チューブを生育に合わせて早め早めに遠ざけ、最終的には通路の真ん中におく。これらはトマトが自分で根を張ろうとする力を引き出す管理だ。

❹わき芽を残して根の本数を増やす

大木さんは根の本数も増やしたいと考えている。これには連続摘心が一役買っている。わき芽を利用する連続摘心は根の本数が自然と多くなるそうだ。とくに生育初期に枝（生長点）が多いほど、新しい根の数が増える（分岐する）といわれている。だから大木さんは下のほうから出たわき芽も、すぐにはとらずに、ある程度大きくなるまで残している。

❺表層の毛細根を利用する

挿し木苗の場合、ある程度上根になるのは、不定根の性格だから仕方ないと大木さんは考えている。むしろ表層には空気があるから毛細根が増えやす

鉢上げして約2週間、底穴から根が覗いたら定植。不定根を老化させずに植えるのがコツ。ポットごとなら根巻きしなくても植えられる

ポットごと定植は浅植えほど根が強く張る。置くだけでもいいのだが風で倒れるので、ポットの3分の1くらいまで埋めている

挿し木苗をポットごと定植したミニトマト。収穫打ち切りから1カ月の根を掘り出してみた。太くてずんぐりした根（コブはセンチュウだが、生育に影響はなかった。センチュウにも負けない根ということだろうか?）。表層を走る不定根に毛細根がビッシリ見える。ポットの穴から出ても、不定根らしく横に伸びる根と、種子根のように下に向かう根がある。すべてが上根になっているのではなかった

左が接ぎ木苗の葉裏。右が挿し木苗の葉裏。同じ品種、同じ定植日のミニトマトだが葉脈の走り方に違いがある。挿し木苗のほうが葉脈がクッキリしていて分岐が細かい。不定根と関係があるのだろうか

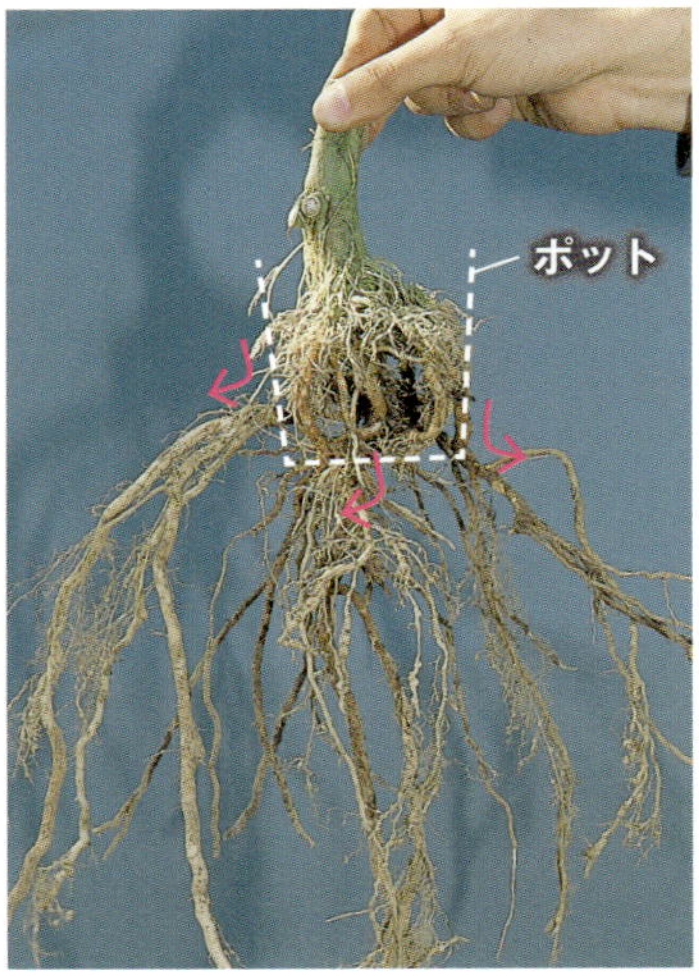

別の株の根の様子。ポット底の穴から出ても横向きに曲がって表層を伸びようとする不定根

い。毛細根はミネラルまでバランスよく吸ってくれる。ただし上根は天候の影響を受けやすいので、モミガラや米ヌカの有機物マルチで守っている。

勢いよくは伸びさせないけど、じっくりと広範に、力のある根をたくさん張らせる――。大木さんが頭に描く「使える不定根」のイメージである。

一本仕立てじゃもったいない

大木さんは一度だけ、一般的な「一本仕立て斜め誘引」を試したことがある。しかし一年でやめてしまったそうだ。

「面白くないってのかな。連続摘心みたいに樹勢を見ながら、盆栽みたいに仕立てを楽しむこともできないでしょ。そのくせ葉かきとか誘引とか、面倒でね」

連続摘心も、挿し木も、ポットごと定植も、結局は大木さんの手くせに合っていただけかもしれない。しかし偶然にしては憎いくらいにうまい組み合わせである。

「それに、せっかく力のある不定根が、支える茎が一本じゃ、なんかもったいないでしょ」

現代農業二〇一一年一月号

スイカ

スイカ産地で拡大中 ホモにも勝てる「根付き断根育苗」

根つきの接ぎ木に逆戻り!?

スイカの接ぎ木苗は、胚軸で根を切り落とした台木に接いで、育苗培土に挿し木する、槍木《うつぎ》式の「断根接ぎ木法」が一般的だ。

四〇年前、当時のスイカの接ぎ木は、ポットに植わった台木に接ぐ「居接ぎ」とか、台木を引き抜いて、根を傷めないようにそっと接ぐとか、とにかく煩わしいものだった。そこにさっそうと登場したのが断根接ぎ木法。かんたんで、早くて、家に持ち帰っても接げる。翌日挿しても発根した。まさに接ぎ木革命である。

ところが近年、スイカの産地・千葉県富里市で、台木の根っこを残して接ぎ木する農家が増えているというのだ。わざわざ手のかかるやり方に逆戻りするなんて、いったいどういうこと?

上根にならない不定根で ホモにも負けない草勢

噂の根つきの接ぎ木とは、昔の居接ぎとはまったく違う、新発想の「改良断根接ぎ木法」（以下、根つき断根接ぎ木）だ。開発したのは、元みかど育種農場（現みかど協和）の中山淳さん。

開発の背景には、関東や東北で猛威を振るうホモプシス根腐病の問題があった。収穫一五日前に萎れ始め、一〇日前にバッタリ！　収穫目前に突然発生するので精神的ダメージも大きい。

中山さんは、断根接ぎ木の根、つまり挿し木の不定根の弱点を指摘する。「不定根は上根になりやすいので、干ばつや豪雨の影響を受けやすい。収穫まで草勢が持ちませんよ」

ならば！と中山さん、圃場で根が深く張るスゴイ苗を開発したのだ。

中山さんは、台木の胚軸を切る位置で、発生する不定根の性質が違うことを突き止めていた。それは「根に近いところで切るほど、発生する不定根は地中深く伸びる」というもの。胚軸の途中で切り落としていた台木の根を、もっと下の位置（胚軸の末端）で切ることで弱点を克服したのである。

富里の藤崎芳久さんのユウガオ台木。胚軸で切らずに、このくらい根を残して接ぐと、穂木の活着が早くなり、畑では不定根が深く張る（赤松富仁撮影）

根を二㎝残して 育苗中の軟弱徒長も克服

さらに中山さん、これを発展させて断根接ぎ木法のもう一つの弱点にも対応させた。弱点とは、接ぎ木の穂が活着するまでの高温多湿管理で軟弱徒長しやすいこと。中山さんは、台木の根を切る位置をさらに下、根を二cmほど残して切ることにした。

　こうすると不定根が出るまでの間、残した根のおかげで萎れない。そのぶん活着が早くなり、高温多湿で管理する期間が短くなった。

独自に根つきにする農家も

　中山さんに聞いたわけでもないのに、独自に根を残す接ぎ木に変えた人もいる。富里の小山嘉一さん・裕之さん親子は、断根接ぎ木苗を軟弱徒長させて腐らせた苦い経験から根を残すようにした。台木の根はじゃまにならないように手でちぎるそうだ。

　スイカ農家は接ぎ木の手伝いに、お互い行ったり来たりするので、近所や親戚の間でどんな接ぎ木をしているのかわかる。近頃は根つき断根接ぎ木が話に出たり、試しにやることもあるそうだ。この根つきブーム、じわじわ広がりつつあることは確かだ。

＊「根つき断根接ぎ木」の実際のやり方は次ページから！

現代農業二〇一二年一月号

接ぎ木苗と病気の話

Q　接ぎ木苗なら病気は出ない？

A　台木によって得手不得手があるから気をつけて

　トマトやナス、キュウリなどには、土壌病害に強い台木があります。ですが、それぞれどんな病気にも強いというわけではありません。例えばトマトの台木だけでも三〇品種くらいあって、それぞれ得意不得意があります。でも、家庭菜園のお客さんは「接ぎ木苗なら大丈夫」と思っている人が多いんですよね。

　過去にこんな失敗がありました。ナスの半身萎凋病に困っていたらしいのですが、最初にそれをいわないから、タキイの「台太郎」を使っちゃった。台太郎は青枯病には耐病性があるけど、半身萎凋病にはない。結局、圃場の半分くらいで台太郎を使って、そこで病気が出ちゃった。半身萎凋病が出てるとわかっていれば、私も「トルバムビガー」（カネコ・タキイ）とか「緋脚」（カネコ）を勧めたんですけどね。

　トマトでも、褐色根腐病が出た圃場で、台木選びを間違えて半分くらい枯らした人がいました。トマトは、人間の血液型みたいに穂木と台木の相性もあって難しいんですよね。台木ならなんでもいいってわけじゃないんですよ。（談）

現代農業二〇一八年二月号

ナスの台木品種と耐病性
(各メーカーによる評価)

カネコ

品種名	B	F	V	N
信頼	○	◎		－
緋脚		◎	○	－
トルバムビガー	○	◎	○	－

タキイ

品種名	B	F	V	N
耐病VF		○	○	
ミート	△	○	○	
台太郎	○	○		
赤ナス		○		
トナシム	○	○	○	○
トルバムビガー	○	○	○	○

※病害の略称については91ページを参照ください

根つき断根接ぎ木のやり方

千葉県富里市●藤崎芳久さん

中山淳さん（72・78ページ）が開発したスイカの根つき断根接ぎ木を導入して10年余りになる藤崎芳久さん。かつては接ぎ木苗の半分を捨てていたそうだが、今では苗のロス1割以下。深く張るタイプの不定根を活かして、極甘のスイカを毎年安定してとっている。藤崎さんの根つき断根接ぎ木のやり方を見せていただいた。

接ぎ木
（1月19日）

今日は接ぎ木の日！ スイカの接ぎ木は手伝いに来てもらって大勢でやるのだ（写真はすべて赤松富仁撮影）

台木と穂木の大きさはこのくらい。穂木はカミソリで地際から切った。台木も穂木も苗箱ではなくセルトレイで育てると、過湿にならず徒長しにくい。低温気味に日光を十分当てて締まった苗に仕上げれば、失敗なく安心して接げる（2011年4月号参照）

台木の本葉を折ってとり、竹串で斜めに穴を開ける。竹串の先が胚軸をちょっと突き抜ける（⬇）

穂木を台木に差し込む

ユウガオ台木。点線の辺りまで根を揉みちぎる

穂木はカミソリで斜めに切る（両そぎよりも片そぎのほうが先端が硬く接ぎやすい）

これぞ、
根つき断根接ぎ木苗！
接ぎ終えたものから
仮植えへ（次ページ）

仮植え
（接ぎ木と同日）

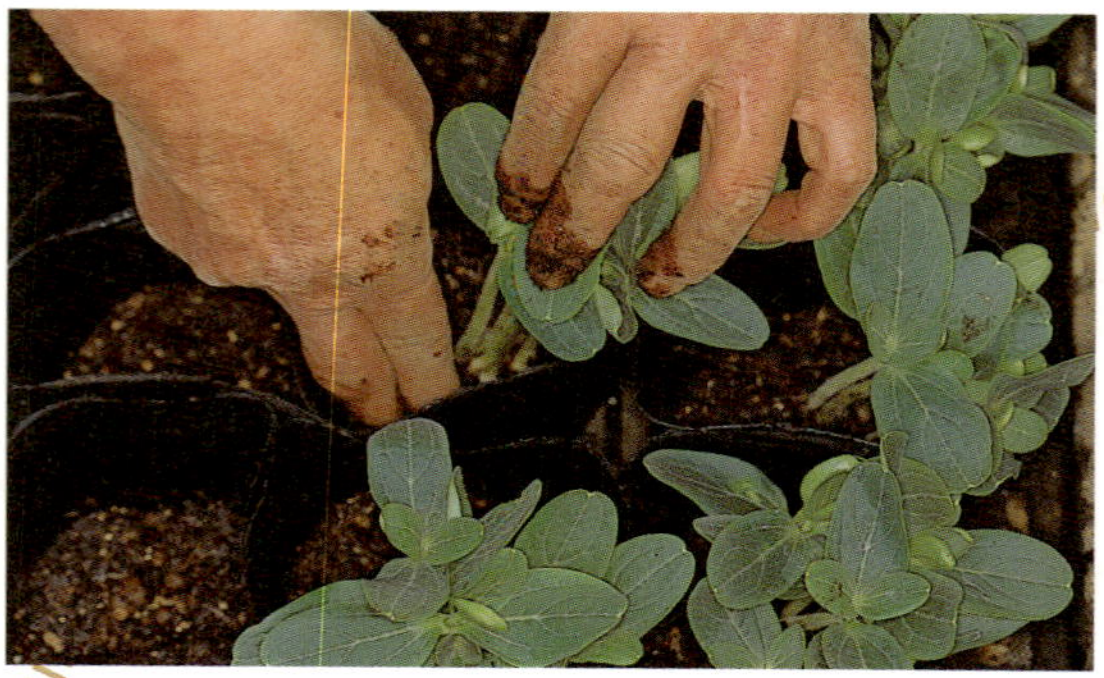

穂と根を同時に早く活着させるために仮植えする。浅く（深さ3～3.5㎝）培土を入れ滴るほどかん水したポットに、根つき断根接ぎ木苗を4～5本ずつ束にして浅く植える。残した根が萎れを防いでいる間に不定根が発生。この根はぐんぐん伸びて太くなる

トンネル内に仮植えしたポットを並べ、べたがけした不織布の上から噴霧器で軽く水をかける。トンネルの被覆は図の通り。昼夜、温度28～30度、湿度100％近くで管理し、穂木が活着して新葉がちょこっと動き出したら（3日目午後くらい）不織布をとる。トンネルの被覆は、徐々に光に慣らしながらとる

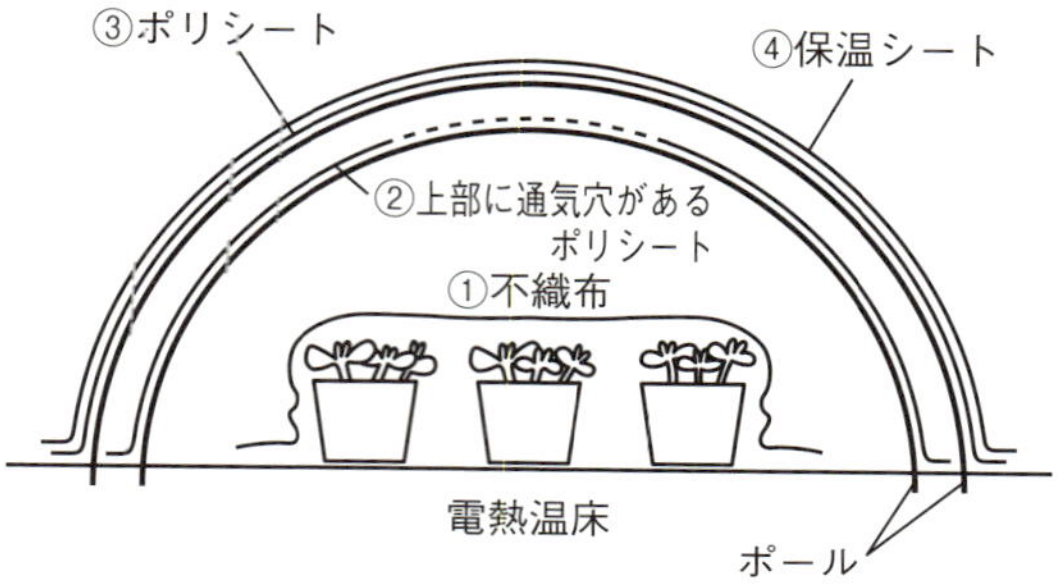

ポットに本植え
（1月26日）

ほぐして１本ずつポットに植える。別の苗床に移して日中28度、夜間15度で管理。萎れをみながら葉水。日光をよく当て９日くらいで日中の被覆がとれるように順化させる

１週間でもうここまで根がまわっている。仮植えから５～７日でポットに移植可能

風で折れないようにと、整枝の向きを考えて寝かせ植え

本来はこのくらいずんぐりした苗が理想か

定植
（3月5日）

なかなか気温が上がらず、定植時期が遅くなった。ちょっと徒長気味になった苗から先に植えることに……

中山淳さんに聞く

深根になる不定根を上手に出すコツ

根つき断根接ぎ木苗は、太い不定根が下向きに発生し、勢いよく伸びる！

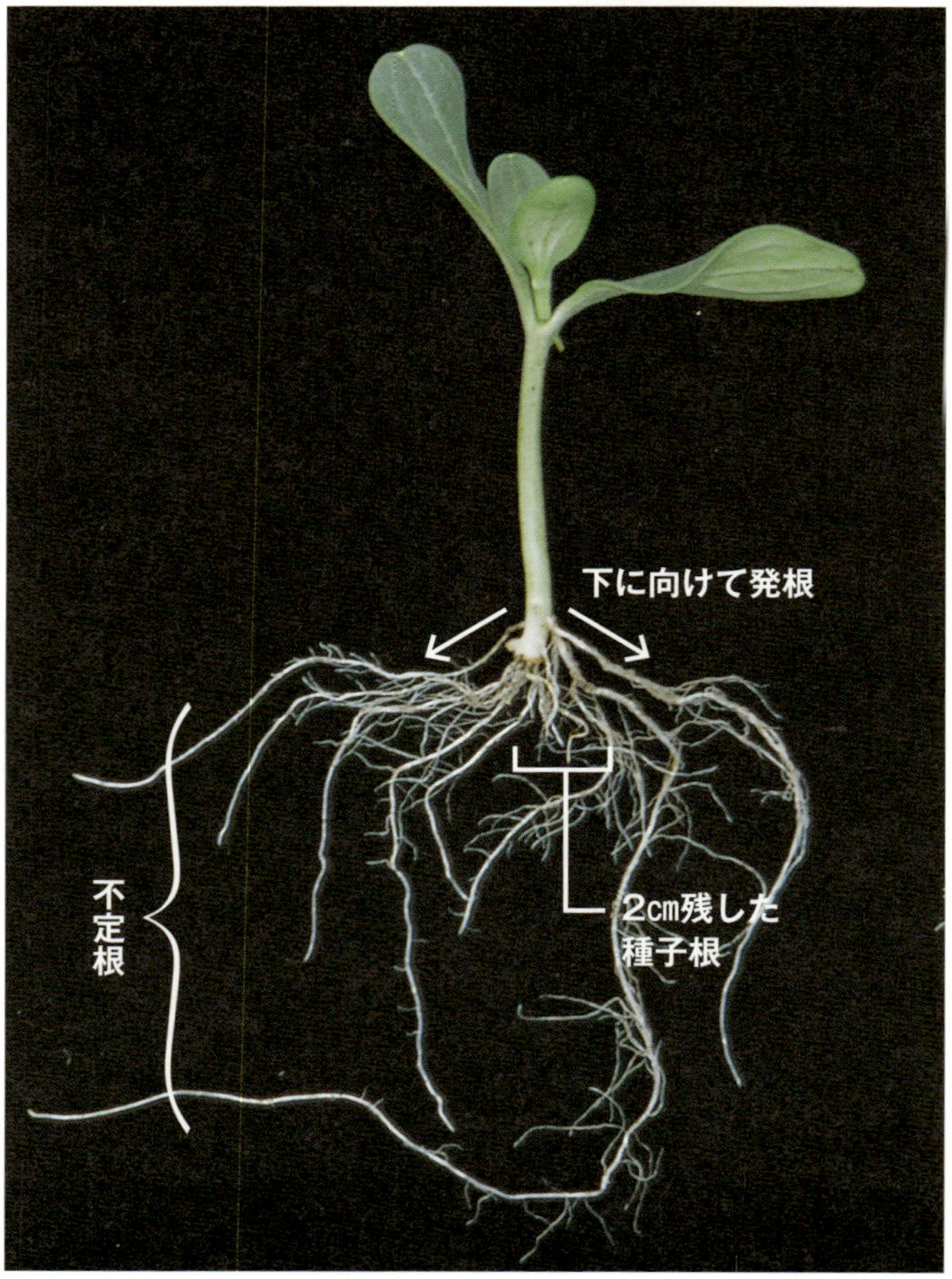

仮植えし5日ほど経過した根つき断根接ぎ木苗

不定根 とは、ある刺激を与えて、もともと根になるはずではなかった部位から発生させる根。胚軸で断根する操作も刺激になる

根つき断根接ぎ木をうまくやるポイント

①台木の根は 2㎝ 残して切る……不定根を発生させる刺激になり、なおかつ残した根が萎れを防ぐ

②ポットに浅く 仮植え ……胚軸を湿度100%近い空気にさらすと、深根タイプの不定根が勢いよく出る

挿し木苗の不定根には2通りある

①太く少なく、勢いよく深根になるタイプ……胚軸末端から1～1.5㎝のところから出る不定根に多い

②細く多く、上根になるタイプ……胚軸（や茎）の途中から出る不定根に多い

根つき断根接ぎ木苗は生育が早い！

根つき断根接ぎ木苗の生育がもっとも早く、次が槍木式。根はただ残すよりも断根して不定根を利用したほうが生育促進効果があるようだ（写真は赤松富仁撮影、右ページも）

農家は経験がありますから、私と同じように気がついて根を残している方もいると思います。また最近は、台木の胚軸を切る位置がかつてほど高くないようです。胚軸末端から１㎝くらいのところで切れば、深根になる不定根の発生の傾向が認められます

中山淳さん

現代農業2012年１月号

ビシッと揃った苗にする セル培土への水の浸み込ませ方

茨城県八千代町●青木東洋さん

見事に生育が揃ったサニーレタスの苗。撮影したのは12月下旬。ふつうは播種から1カ月半ほどかかるところが、1カ月弱で定植できる状態に育っている（写真は＊以外、赤松富仁撮影）

約四haの畑でレタスなどをつくる青木東洋さん（六三歳）は、昔から育苗にこだわってきた。揃いよくスムーズに育った苗は、畑に行ってからも生育がいいし、収量も上がるからだ。「苗半作って、言葉通りなんですよ」

そんな青木さんの育苗培土は、ふつうに市販されているセル専用培土（以下、セル培土）。発芽揃いも苗の揃いもよくするには、播種前の水の浸み込ませ方が肝心らしい。育苗作業を見せてもらった。

乾いたセル培土は最初に少し水をやる

「ピートモスは吸水性があるけど、一度乾くと水をはじくんです。いくら水かけても浸み込まなくなっちゃう。セル培土はここさえ気をつければ、使いこなせると思いますよ」

メーカーから届いたばかりの新品は、ある程度湿っているので基本そのまま使えるが、十一月〜翌年四月まで一週間おきに播種する青木さんは、四〇ℓ入りの袋を毎回すべて使い切れるわけじゃない。途中で余る袋も出てくる。そんな時に気をつけたいのが、一度開封して乾いた培土を次に使う時に

トレイに培土を詰める時は、トレイの中央に土が集まりやすいので、縁周りに多めに入れるようなつもりで詰める。そうすると均一に入る

最初にやる水の量はセル培土10ℓに対して水１ℓ。「これだけで十分なじみます。あとの水の浸み込み方がぜんぜん違います」

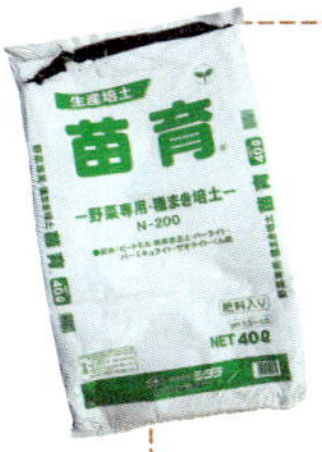

青木さんが使っているセル培土は「野菜専用・種まき培土 苗育 N200」。１袋40ℓ入りでピートモス主体。焼成赤玉土、パーライト、バーミキュライトなども配合。pH5.5～6.0

新しい培土と混ぜてしまうことだ。水が浸みない場所ができて、必ず生育ムラが出てしまう。

そこで青木さん、乾き気味のセル培土を使う時は、トレイに詰める前に少し水をかけ、そば粉をねるように、サササッと軽くなじませてやる。すると、スーッと水が入るようになる。生育ムラも出にくくなる。

トレイの底に水が浸み出るまでかん水

トレイに培土を詰めたらしっかり水をやる。青木さんはホースで一枚のトレイに三～四秒ずつ、ゆっくりと水をかけ始めた。ひと通りかけたら、また最初から。同じトレイに四回も五回も繰り返しかけている。時計を見ると四分経過。周囲はビショビショだ。さすがにもう充分に水が浸みていそうだが……。

「やり慣れない人は、そう思っちゃうんですよね。まだまだです」

「トレイの底を覗いて、穴から水が浸み出てくれれば、全体に浸み込んだ証拠。それを確認すればＯＫです。適当にやると失敗しますからね」

結局、底から水が出たのは、開始から七分半後だった。

青木さんによると、ピートモス主体のセル培土は、底まで一度水を浸み込ませておかないと、その後もずっと乾きやすくなるという。トレイの底には大きな穴もあり、そもそも乾きやすい。セル内の水分状態が不均一になると発芽にも影響するし、ただでさえ少ない培土に根が充分張れないと、生育にも影響する。

「最初が肝心です。もし途中で生育ムラが出てしまったら、一度底面吸水させるといい。セル育苗の場合は上からの水やりでは直せません」

ホースにハス口をつけ、セルトレイ（16箱分）に水をかけていく（右の写真）。上の写真は水をかけ続けて4分後、トレイの周囲はすでにビショビショ。さらに水をかけ続ける

トレイの底から水が浸み出てきたら、水が全体に浸み込んだ証拠

色が変わる覆土で均一にかん水

青木さんがレタスの覆土に愛用しているのが鹿沼土。播種したら、おまじない程度にパラパラまいてやる。鹿沼土は乾いていると色が白いが、水分を含むと黄色に変わる。色の違いがはっきりわかるので、乾き具合が一目でわかるのだ。

苗の水やりは、曇っている日や雨の日に多くかけてしまうと、徒長したり病気が出たりするので加減が難しい。しかし、そんな微妙な判断を迫られる時、鹿沼土の力が発揮される。白く乾いたところに重点的にやれば、水のかけすぎは防げるからだ。均一に水をかけられるようになったおかげで、仲間もビックリするほど苗がきれいに揃うようになった。

じつは青木さん、一年ほど前に冬の育苗方法を完成させたという。無加温ハウスで地温を意識してスムーズに生育させる方法だ（九五ページ参照）。

現代農業二〇一七年三月号

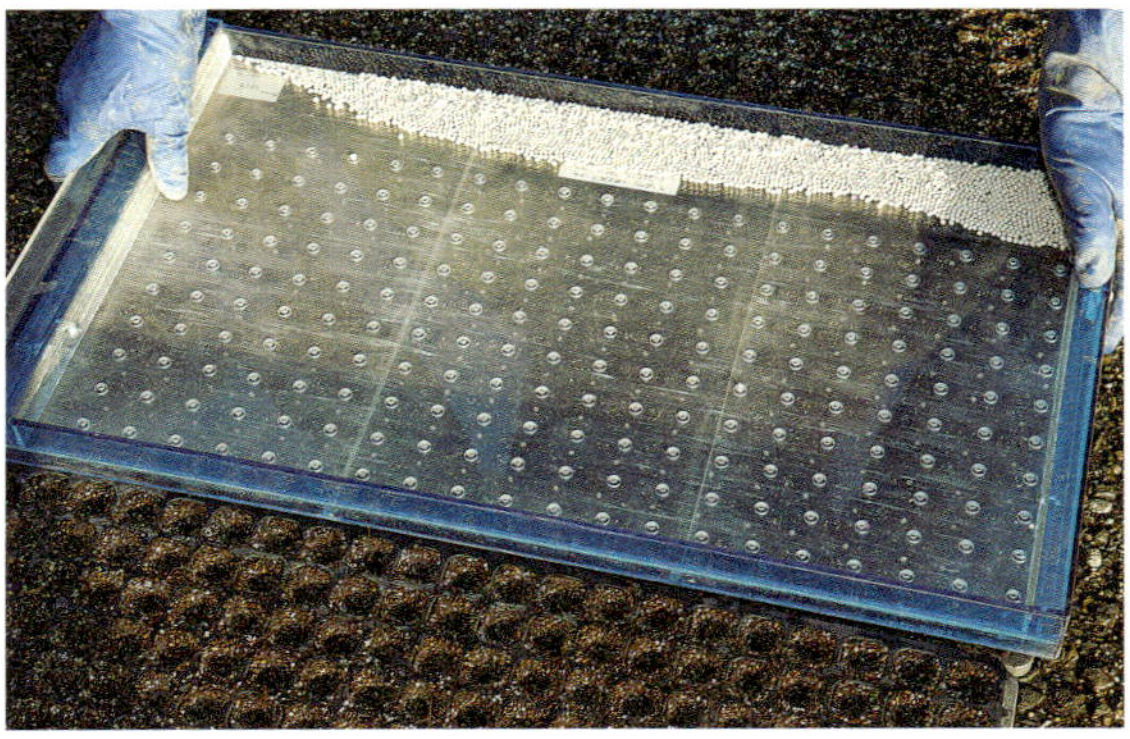
タネ落とし器（ポットル）を使って、コーティング種子を落とす

播種

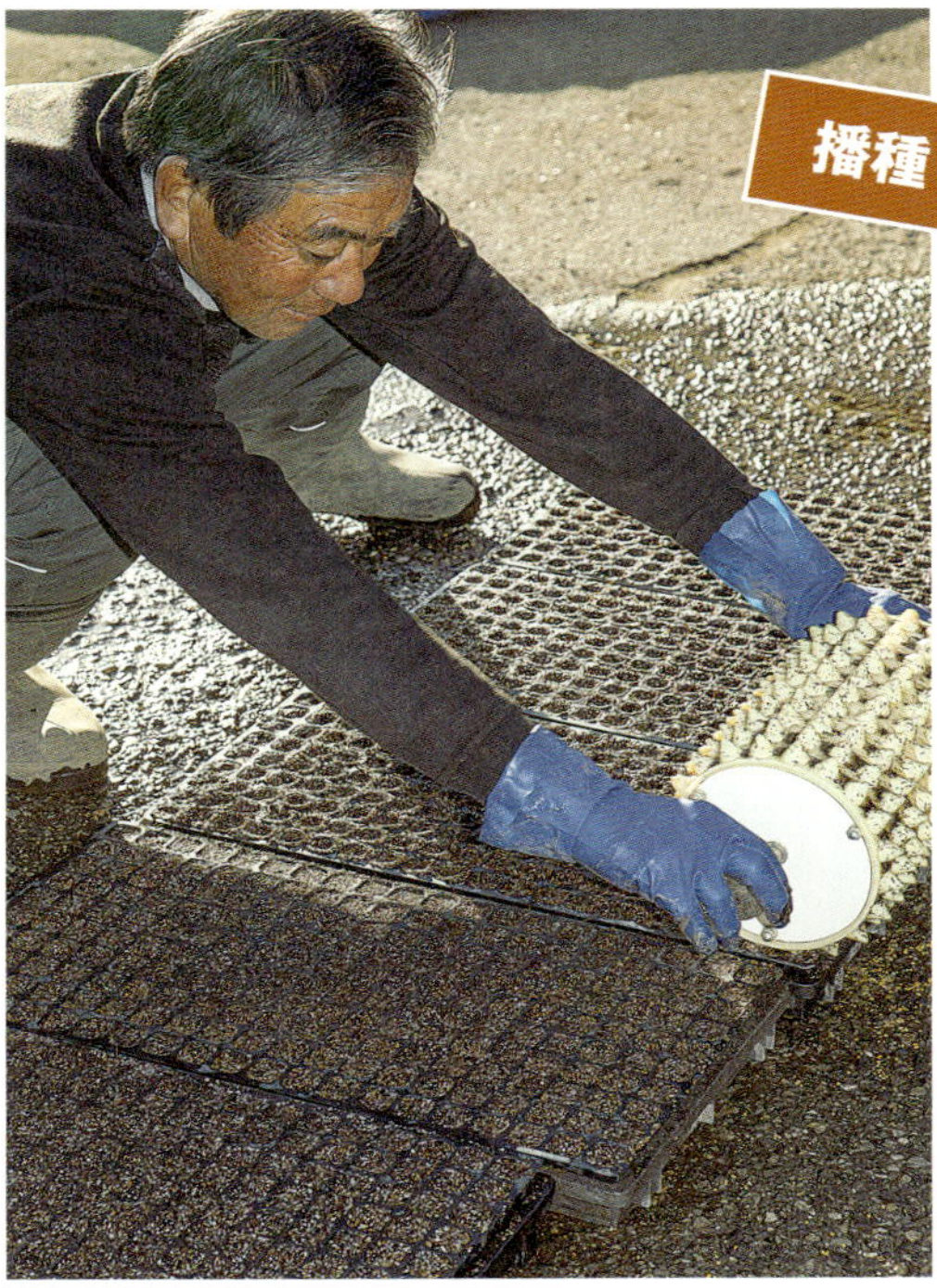
セル培土の底まで水が浸みたら、ローラー式の穴あけ器で播種穴をあける

色が変わる覆土で均一にかん水

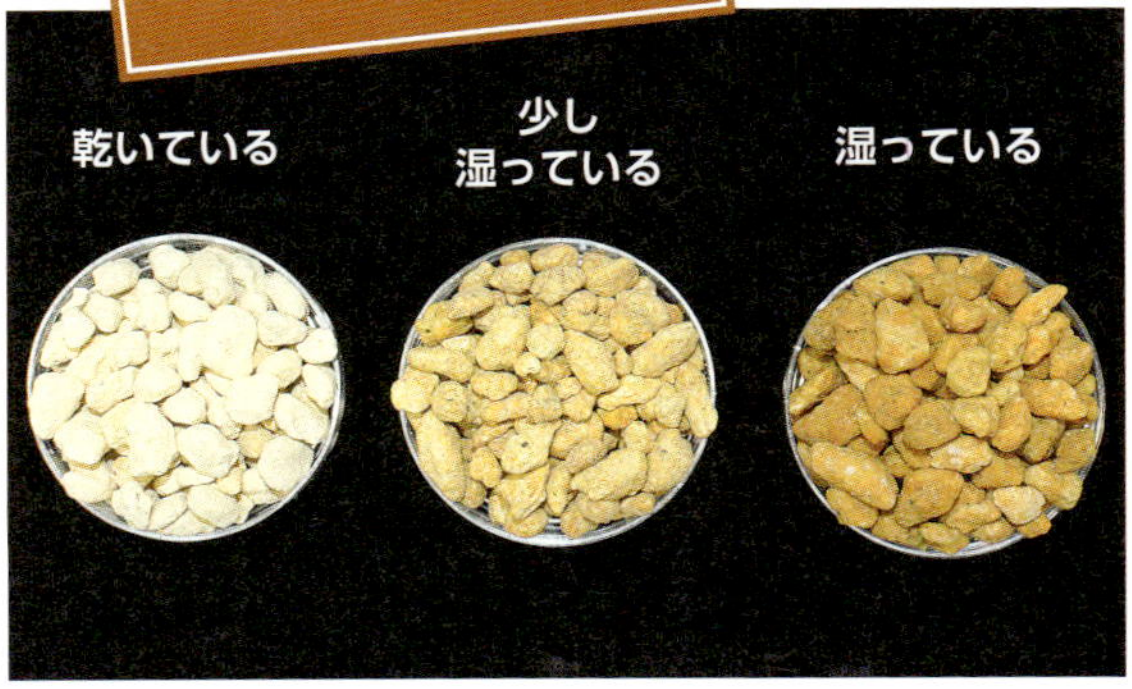

鹿沼土は水に濡れると色が変わるので、培土の水分状態が一目でわかる。これは粒の大きいもの。青木さんが使っているのは細粒タイプ（*）

覆土には鹿沼土を使う。「おまじない程度にパラパラまく」

ペーパーポットはつくりやすいが…

セルトレイの欠点は１つ１つの穴が独立していることだと青木さん。その点、ペーパーポットは紙で仕切られていて水分が横移動するので、苗が均一に育ちやすい。培土量も多いので生育も安定しやすい。ただし、費用は培土代も入れるとセルトレイの２倍かかる。できれば安いセルトレイでいい苗をつくりたい。

播種は一回で定植日を分散
キャベツのずらし育苗

茨城県茨城町●平澤協一

私は、茨城県の中央、茨城町で業務加工用キャベツを栽培しています。一年二作で、五月下旬～八月上旬どりの春夏作を七haと、十月下旬～十二月どりの秋冬作を八haです。今回、春夏作の早生（五月下旬～六月上旬どり）の育苗について書かせていただきます。

当地では、マルチ栽培で三月二十日頃、無マルチでは四月二十日頃よりキャベツが動き始めます。それ以前に定植しても、生育は止まったままです。

平成二十六年は二月十日頃より播種を始めました。三月下旬から定植するには、スピーディーな育苗を心がけることになります。また、早生の次に中生（六月中旬～七月中旬どり）の育苗が待っていますので、育苗床の回転率を上げなければなりません。

マルチ栽培用の苗を、三月下旬の定植に合わせ、なおかつ定植日を分散させるために、水稲用育苗器と、ハウス内に設けた電熱温床、無加温トンネル床の組み合わせで育苗します。詳しいやり方は左ページの図の通りです。

この育苗法のメリットは

・水稲用育苗器で発芽させたものは育苗日数が短いので、育苗床の回転が早くなる。また、毎日のかん水や温度管理を短縮できる

・一斉播種で、定植日をずらせる

となります。

早生のキャベツは、気温の上昇に伴い生育期間が加速度的に短くなるので、定植を一週間程度遅らせても収穫はほぼ同じ日になります。そのため、収穫日をずらしたいときは、一〇日～二週間ほど間を空けて植えます。一日の収穫能力に合わせての定植も重要です。

現代農業二〇一六年一月号

平澤さんの冬の育苗

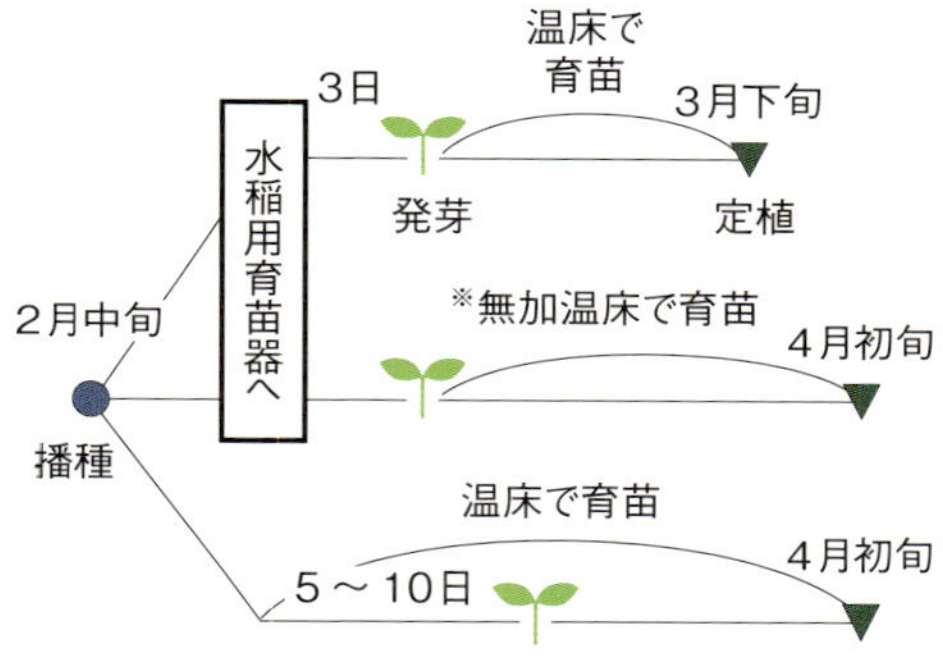

※無加温床を使うのは温床が空いていない場合のみ

ブロッコリーやキャベツ
夏播きも鉢上げまで涼しく

福島県いわき市●東山広幸

秋冬野菜の苗は播き直しがきかない

昨年は久しぶりに涼しい夏だったが、ここ一〇年ほどは、イネのイモチ病の心配がまったくいらないほどの猛暑の夏が多い。

暑いと困るのが、盛夏にタネを播く秋冬野菜の育苗である。以前はほとんど問題なかったのに、最近は高温で発芽障害を起こすことが多い。発芽後の生育も順調に進まないことがある。

特に問題となるのが、もっとも高温の時期に播くキャベツやブロッコリーなどだ。キャベツやブロッコリーは作型によって品種が細かく分かれている

水稲用育苗器で発芽

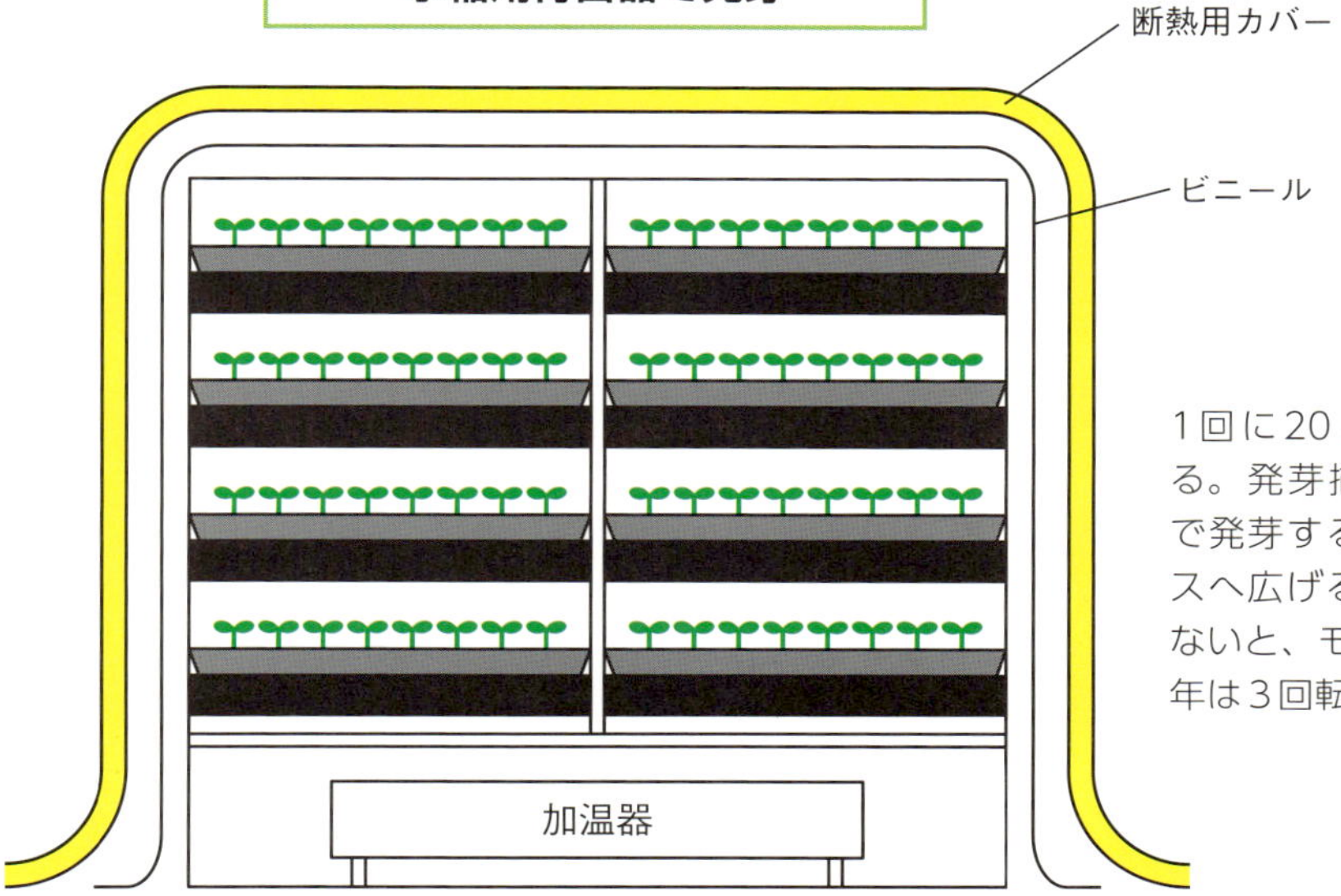

1回に20ａ分の苗を処理できる。発芽揃いがよい。3日程度で発芽するが、取り出してハウスへ広げるタイミングを見定めないと、モヤシ苗になる。2015年は3回転させた

温床

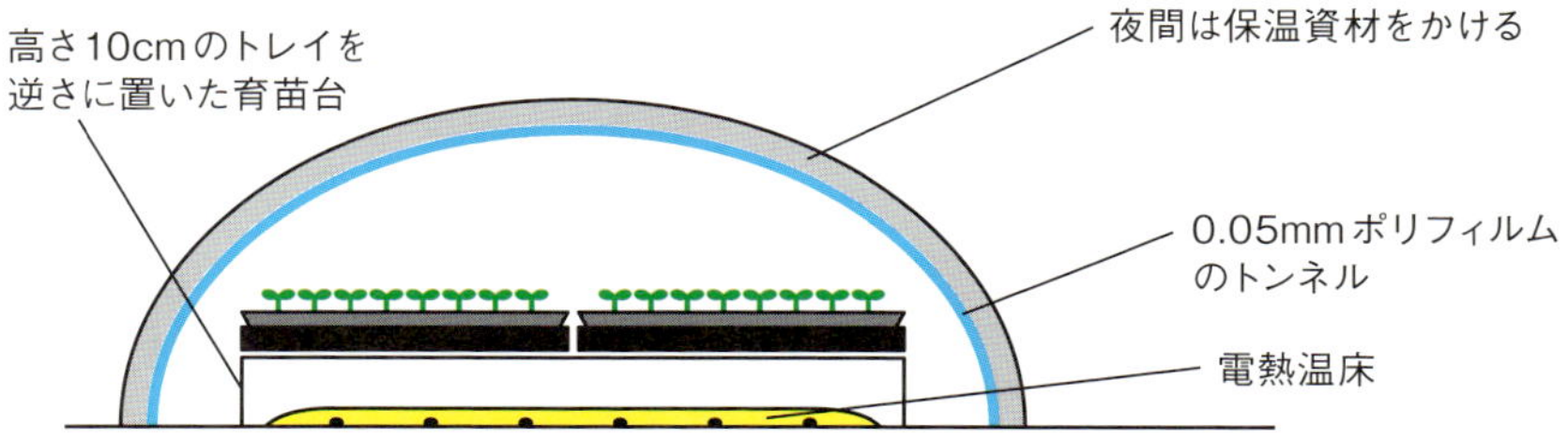

1つの温床あたり約30ａ分の苗が置ける。これが4つあるので、1.2ha分となる。発芽に5～10日かかる（外気温に左右される）。定植1週間前、本葉3～4枚になったらポリフィルムを外すか、ハウス外に置いて低温順化させる

無加温床

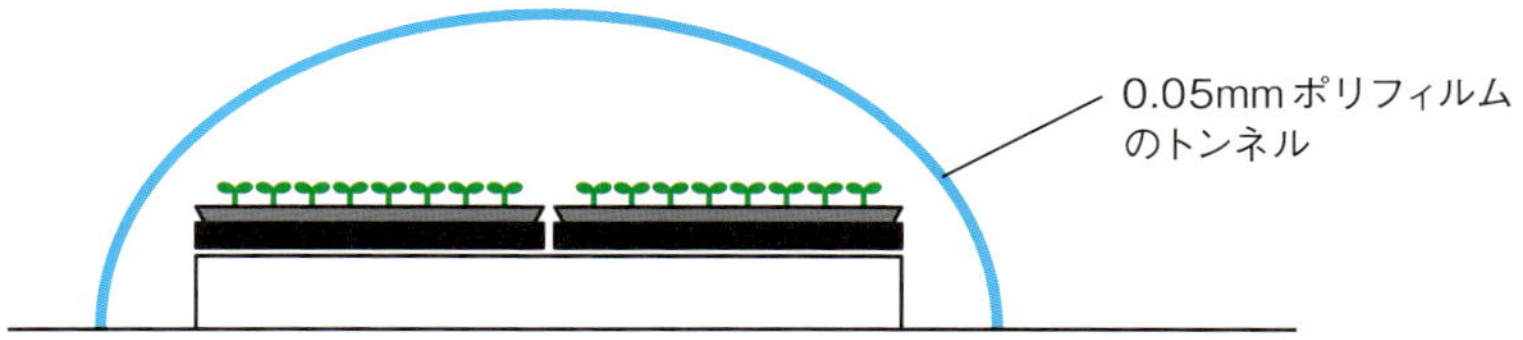

本葉3～4枚になったらポリフィルムを外し、ハウス内で低温順化させる

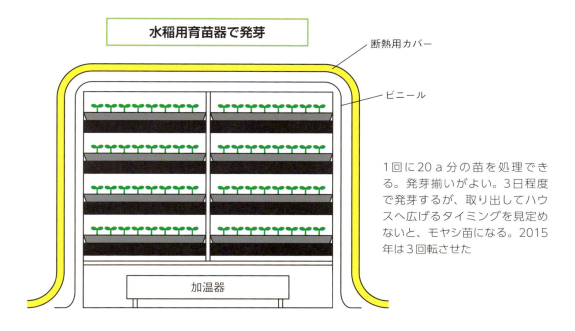

ため、発芽に失敗してから播き直すのでは手遅れということも多くなってしまうのだ。

発芽・幼苗期を涼しく管理

対策は、もっとも高温に弱い、発芽から幼苗期に涼しく管理するしかない。

私の場合、キャベツやブロッコリーは二二〇穴のペーパーポットに播種し、発芽までの間、水稲育苗箱でフタをして管理する（二〇一四年三月号）。水稲育苗箱のフタが適度な水分を保つため、発芽までかん水はしなくともいい。

しかし、フタをしてあっても、真夏に日なたに置いておけば、高温で発芽障害を起こすことがある。少なくとも発芽が揃うまでは日陰で管理したほうがいい。

そこで苗箱を、内張りのUVシート（#四〇〇〇）で遮光した雨よけハウスの中に置いている。これで、高温期でも発芽は問題ない。

発芽後もできる限り低温で管理したいが、露地だと雷雨で叩かれる心配があるので、ハウス内に置いて、トンネルを設置して虫害防止のサンサンネットをかける。育苗中は基本的に遮光しないが、幼苗期までの特に暑い日の日中だけ、トンネルに黒のラブシートをかけるようにしている。

本葉二枚ぐらいで九cmのポリポットに鉢上げするが、ポットに鉢上げするくらいまで大きくなれば、高温で苗が消えるようなことはまずない。高温から守らなくてはならないのは、発芽から幼苗までの期間だ。

アイデアを試したいが…

私の床土は黒土が母土で、くん炭も入っているのでかなり黒い（二〇一四年十二月号）。これが、土が高温になってしまう原因の一つだと考えている。そこで、苗箱にモミガラでも振りかけてやったら、温度上昇を妨げる効果が期待できるかもしれない。

また、育苗箱を北向きに傾ければ、苗に当たる日差しを遮ることなく、土への日射量を少なくでき、床土の温度上昇も抑えられるはずだ。この場合、かん水の際には水平にしないと水が染み込まないので、角度可変型の苗台を開発できればと考えている。

夏の育苗で高温障害が頻発するようになったのは、ここ数年のことである。このため、対応策はアイデア段階のものもまだまだ多い。

今年、猛暑になったら試してみたいが、できれば、猛暑はやっぱりお許し願いたいところだ。

現代農業二〇一五年八月号

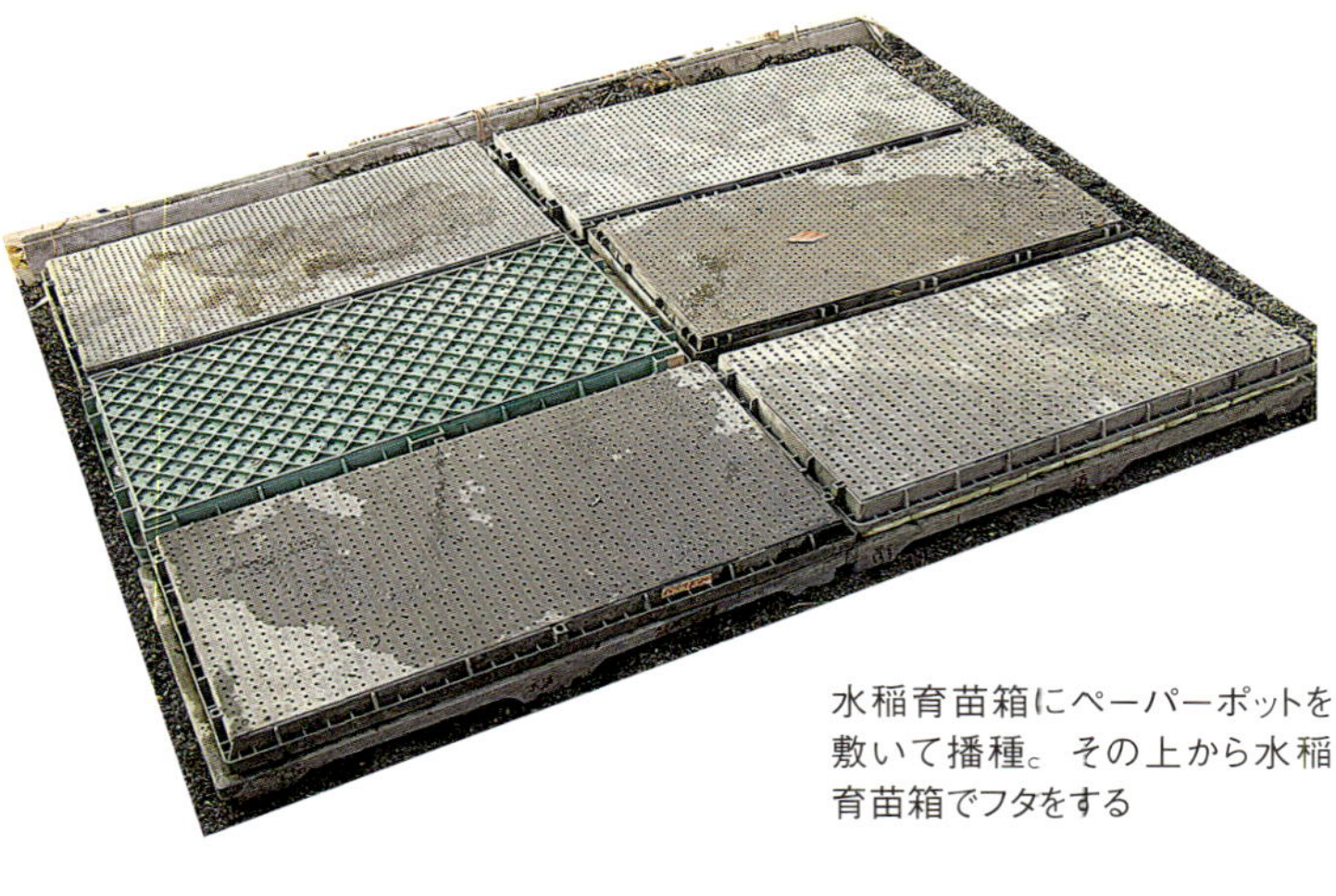

水稲育苗箱にペーパーポットを敷いて播種。その上から水稲育苗箱でフタをする

キャベツ

スポットクーラーで播種後に催芽

愛知県豊橋市●山本守美さん

山本さんの倉庫に設置されたスポットクーラー。ホームセンターで3万円ほどで購入。直管パイプと農ポリで作った発芽室に苗を入れて冷やす（写真は東三河農林水産事務所提供）

豊橋市で八ha業務用キャベツをつくる山本守美さん。渥美半島では、播種後は涼しい倉庫の中で発芽を促進させるのがふつうだが、山本さんの家の倉庫は、三〇度を超える日があるという。

そこで、四年前からスポットクーラーを使ったクーラー催芽を導入。キャベツの発芽適温である二〇度前後を保てるようになり、発芽率も発芽揃いも向上。発芽時の温度を一定にできるから、天候に左右されず、毎年同じ条件で管理できるのも気に入っている。

現代農業二〇一五年八月号

ブロッコリーの発芽に太陽シート被覆

真夏でも欠株五％以下

鳥取県大山町●渡辺仁史さん

西日本一のブロッコリー産地で、「大山ブロッコリー」を年間のべ四ha作付けする渡辺さん。九月末から四月にかけて出荷するため、播種は七～九月の暑い時期になってしまう。

そこで、六年ほど前から、発芽に太陽シートを使うようになった。やり方は、播種したセルトレイをハウス内の棚に平置きし、かん水後に太陽シートを被覆するだけ。シートの下は気温が高くなりすぎず、乾燥も防げるので、発芽率がアップ。欠株は五％以下になった。

渡辺さんは夕方に播種し、その翌々日の朝には太陽シートをはぐことが多い。芽が見えなくても土を少し掘ってみて、タネが割れているものが一割ほどあれば、もうはがす。これが半日でも遅れるとあっという間に徒長してしまうので、「タイミングを逃さないようまめに観察するのが大事」とのこと。

現代農業二〇一七年九月号

発芽が揃った渡辺さんのブロッコリー。播種は7月2日、2日後に被覆をはいだ（撮影は7月7日）。撮影のため太陽シートを再度かけてもらった

無加温発芽&育苗で四月の端境期出荷

冬まきブロッコリーは七二穴トレイで根量勝負

鳥取県琴浦町●生田 稔さん

生田稔さんと72穴トレイで育苗したブロッコリー苗。左が恵麟で右がウィンベル（2017年2月27日撮影）

生田稔さん（七一歳）は、年間のべ四haでブロッコリーをつくるが、そのうち八〇～九〇aは四月下旬から五月連休にかけての端境期に出荷してしまう。しかも本圃ではハウスやトンネルは使わず、べたがけのみ。それでもこの時期に出荷できるのは、地温の低い厳寒期でもスムーズに生育する苗づくりにあるようだ。

生田さんのブロッコリーづくりは二〇一七年の二月号にも掲載されているので、今回はいかに生育初期の根量を増やすのか、根量の増えた苗を定植するとブロッコリーがどう化けるのかを、写真中心に紹介したい。

ボトニングが出にくい恵麟がメイン

生田さんは、間口六m、奥行き三〇mの育苗専用ハウスで年間栽培する野菜の苗をつくる。「農家は自分で苗をつくらんといかん。購入苗の半値ほどでできるし、思い通りの苗がつくれる。昔から苗半作っていうでしょう」

生田さんが端境期にぶつける品種は、現在のところ低温に鈍感でボトニング（早期出蕾）が出にくい早生の「恵麟《けいりん》」（トキタ種苗）だ。二番手としては中早生の「ウィンベル」（渡辺農事）。どちらも十二月中下旬に播種して、三月上旬までに定植する。

十月十日頃に定植する「晩緑《おくみどり》１０５」（野崎採種場）もあるが、これは半年以上畑に置くので病害虫にやられるリスクが高い。また低温下での生育が緩慢過ぎて、ヒヨコグサ（ハコベ）の猛威でやられやすいのだという。

無加温でじっくり育苗

さて、生田さんの育苗をかいつまんでいうと、十二月十七日頃にウインベルを播種トレイ（イネ育苗箱など）にスジまきし、それから五日ほど後に恵

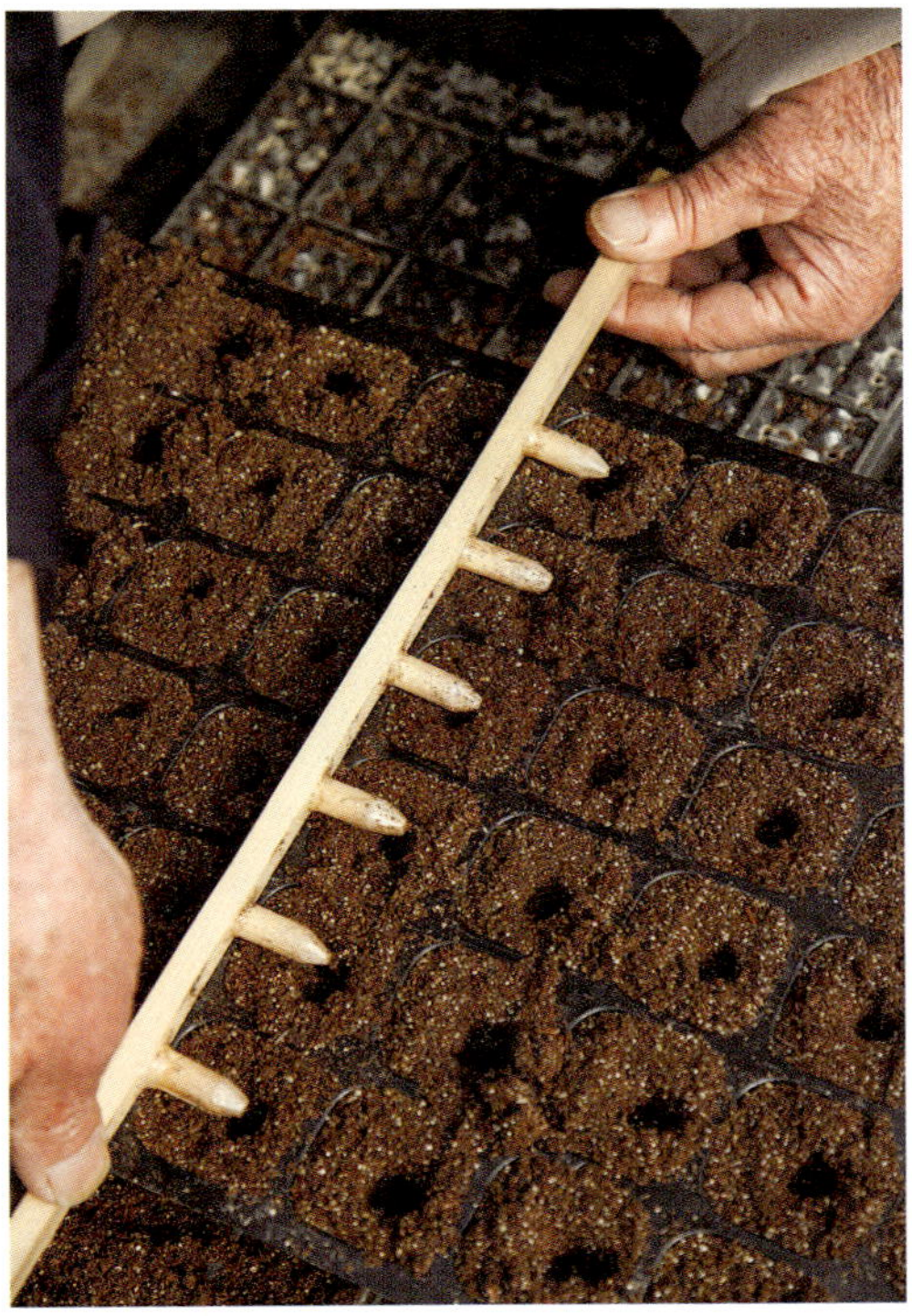

培土（スミソイル250）を入れたセルトレイは30㎝ほどの高さから2回ほど落として鎮圧。手製の道具を使い深さ2㎝の穴をあけて、播種床から苗を移植する

生田さんの4月どりブロッコリーの作型

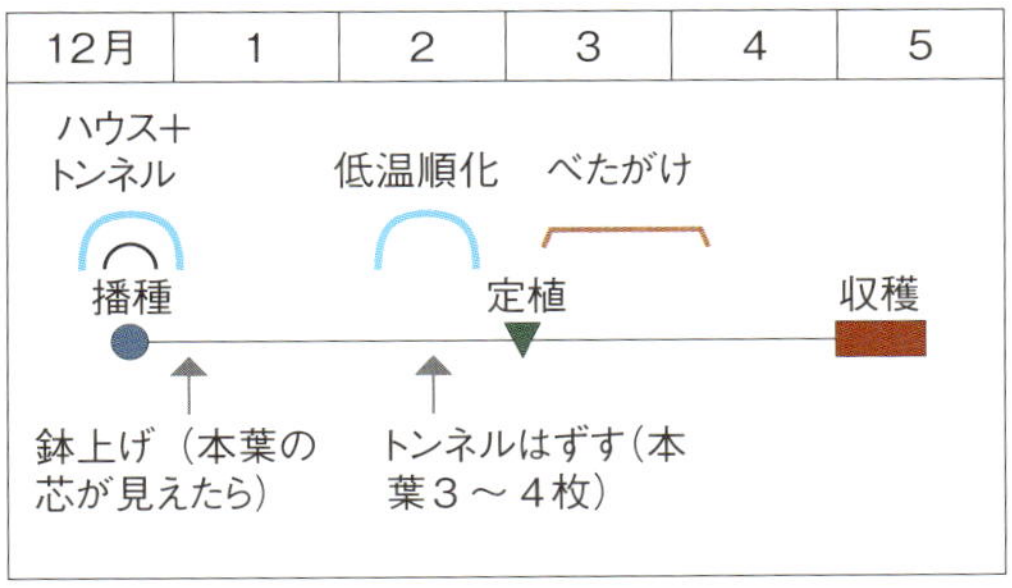

本葉3～4枚になるまではハウス内のトンネルで育苗するが、その後10～20日はトンネルを外して低温順化させる

鱗も同じようにまく。播種作業が終わったら、播種トレイをなるべく動かさないよう積み上げ、ビニールをかけて水分の蒸散を防ぎつつ一晩ジーッと置いておく。ビニールで密閉したまま一晩置くとタネと土が落ち着いて、発芽率がアップするそうだ。

播種の翌日、育苗ハウスにトレイを並べ、ここではじめてかん水。トンネルで保温はするが、電熱マットなどの加温は一切しない。発芽まで一〇日ほどかかるものの、発芽率は九〇％以上だという。

七二穴トレイに鉢上げ、根量アップ

その後、豆っ葉が開いて、本葉が鉛筆の芯ほど出てきたタイミングで播種床からピンセットで苗を抜き取り、七二穴のセルトレイに鉢上げする。この時、苗の根が長ければ切ってもいい。移植と断根のストレスで根量が増えるという。そうして本葉四枚ほどになったらトンネルをはずして順化させ、二月下旬から本圃に定植する。

低温下で五〇日以上かけてじっくり育苗する七二穴トレイの断根移植苗は、一般的な一二八穴トレイで育苗し

生田さんが72穴トレイで育苗した苗と128穴トレイで育苗した一般的な苗。品種はどちらも恵麟。葉枚数は同じだが、128穴のほうはやや徒長気味。生田さんの苗のほうがガッチリしていて根量も多い（上の写真）

右の写真は根量を比較したもの。生田さんの72穴苗のほうが断然多い

生田さんと同じ日に定植した他の人の恵麟（左）と収穫した生田さんの恵麟。128穴トレイで育苗し本圃でべたがけもしなかった左の株に比べると、生田さんの株は定植後の生育が早い

たものより根量がかなり多くなる。そのため厳寒期に定植しても、ぐんぐん根を張り、勢いよく地上部を伸ばしていくようだ。

春の端境期に収穫するには、定植時までに根量を増やし、定植直後からのスタートダッシュが不可欠だと生田さんはみている。

（写真と文　赤松富仁）

現代農業二〇一八年一月号

抵抗性と耐病性の話

Q　品種名の前についている ＹＲとかＣＲとかって何のこと？

A　特定の病気に強いということ

抵抗性（耐病性）表記

アブラナ科野菜	YR	萎黄病
	CR	根こぶ病
トマト	TY	黄化葉巻病
	Cf-9	葉かび病レース9

病害の略称

トマト	ToMV	トマトモザイクウイルス
	Tm-1	トマトモザイクウイルスTm-1型
	Tm-2a	トマトモザイクウイルスTm-2a型
	B	青枯病
	F1	萎凋病レース1
	F2	萎凋病レース2
	J3	根腐萎凋病
	V	半身萎凋病
	Cf	葉かび病
	LS	斑点病
	N	サツマイモネコブセンチュウ
	K	褐色根腐病（コルキールート）
ナス	F	半枯病
	B・V・N	トマトと同じ
ピーマン	TMV	タバコモザイクウイルス
	ToMV	トマトモザイクウイルス
	PMMoV-L3	トウガラシマイルドモットルウイルス
	B	青枯病
	Pc	疫病
ウリ類	CMV	キュウリモザイクウイルス
	ZYMV	ズッキーニ黄斑モザイクウイルス
	WMV	カボチャモザイクウイルス

「ＹＲ」はYellows Resistanceの略。アブラナ科の萎黄病に抵抗性がある品種で、つまり、萎黄病に強いということ。ダイコンやキャベツに多い。

「ＣＲ」はClubroot Resistanceの略で、根こぶ病に抵抗性を持つという意味。ハクサイやカブの品種名の前によくついている。「ＹＣＲ」とあれば、萎黄病にも根こぶ病にも抵抗性があって強いということだ。

トマトの品種名にある「ＣＦ」は、葉かび病抵抗性を意味する。

ただし、品種名にＹＲやＣＲ、ＣＦがついていなくても抵抗性を持っていることもある。その場合はタネ袋やカタログに書いてあったりするので要チェックである。

また、カタログなどでは、病害名が記号で表記されていることが少なくない。「Ｂ・Ｆ１・Ｊ３に耐病性」といった具合で、知らなければ、なんのことだかわからない。左の表を参考にしてほしい。

現代農業2018年２月号

葉茎菜類

虫食いが格段に少なくなる

アブラナ科野菜の断根挿し木

長野県山形村●大池寛子

三月になると日差しも強くなり、ハウスの中のホウレンソウの収穫も終わるので、ズッキーニの土づくりをします。今年はハウスにズッキーニだけでなく、地這いキュウリも少し播いてみようと思います。地這いだと、霜よけ用のタフベルやビニールをかけやすいからです。タネ播きは三月五～八日ごろ、もちろん直播きです。

三月二十～二十二日ごろには、二月に冷蔵庫で保存していたトマト、ナス、トウガラシ、ピーマンなどのタネ播きをします。ほかにトウモロコシ（サニーショコラ）、ゴーヤー、ヘチマ、シュンギク、バジル、キャベツ、コールラビ、レタス、ルッコラなどのタネも播きます。以上はすべてセルトレイに播いておきます。

キャベツやコールラビなどのアブラナ科野菜は厚播きにして本葉が二～三枚出たところで根元から切り、別のセルトレイに挿し木をして苗をつくります。「断根挿し木」といって、切り口からエンドファイトと呼ばれる土着菌が入り込み、病気に強い苗になるそうです。

昨年、セルトレイでふつうに育苗したものと、断根挿し木をしたものとを比べてみました。コールラビでは後者の苗から太い根がビッシリと張り、キャベツ畑ではたくさんのチョウチョが飛んでいたにもかかわらず、後者のほうが虫食い穴の量が格段に少なかったのには、ビックリしました。収穫も一〇日くらい早かったと思います。

現代農業二〇一五年三月号

コールラビの苗の根張りを比較。断根挿し木すると太い根がビッシリと張る（赤松富仁撮影、以下Aも）

断根挿し木した直後のキャベツ苗（右）と、ふつうに育てているブロッコリー苗。挿し木苗は双葉が黄色くなってしおれているが、1週間もしないうちに根が張って元気になる（A）

本葉2～3枚の時期に胚軸を切って挿し木する（A）

徒長苗は、鉢上げ&挿し木で復活

島根県浜田市●峠田《たおだ》 等

秋冬野菜の苗づくりは涼しい朝と夜にやる

秋冬野菜の苗は六月下旬から九月下旬までに播種をする。この時期に多いのは、キャベツ、ブロッコリー、ハクサイなどの葉菜類である。そのほか、キンセンカなどの花苗、年末に出荷する葉ボタンの苗も一五〇〇本くらい育てている。

私は秋冬野菜の苗づくりは、自宅前の車庫でやる。車庫には明かりがついている。夏の暑い盛りなので、早朝もしくは夕暮れ時から夜にかけて、涼しい時間帯にできるのがよい。もちろん、雨の日も作業ができる。

大きなタネから播いていく

ブロッコリー、キャベツなどの芽出しは一四四穴のプラグポットを使っている。これらの葉菜類はすべて生ダネを使っており、ピンセットで一粒播きしている。葉菜類の生ダネはたいてい黒いので、白い鉢物の水受け皿（五号くらいのもの）に入れ、大きなタネを選びながら播いていく。大きなものほど生育がいいので、大きい順に播くと、トレイの列ごとに生育が揃い、鉢上げの効率もよくなる。

ブロッコリー、キャベツは播種後一五～二〇日で七・五cmポットへ鉢上げする。ポットで一五～二〇日育苗し、定植適期になったものから出荷していく。一方でハクサイは生育が早い。播種後一三～一五日で鉢上げし、ポットで一五日程度育苗したものを出荷できる。ブロッコリーやキャベツに比べて回転率がよい。

徒長苗はポットの底に埋めて鉢上げ

秋冬野菜の育苗で困るのは高温だ。真夏なので夜温が高くなり、胚軸の長い徒長苗になりやすい。これをそのままポットに鉢上げすると、健苗といえるような苗にはならない。

やや徒長したブロッコリー苗を鉢上げ

そこで一工夫。徒長苗は次ページの図のように、根鉢をポットの底に埋めるか寝かせるかして、子葉がポットの縁より少し高いくらいの位置になったときに培土を入れてブルブル、トントン。培土が落ち着けば鉢上げ終了だ。トレイに並べてかん水しておく。

キャベツ、ブロッコリーは特に胚軸が伸びやすく、セルトレイで横に倒れた後、生長点が上に向かうので、胚軸や本葉軸（子葉と本葉のあいだ）がＳ字に曲がるものもある。そんな苗も曲がった部分をポットに埋めてやると、その後はガッチリした苗に育っていく。

また、胚軸を土に埋めると、そこから発根するので根量の多い苗になる。

挿し木苗でずらし出荷ができた

キャベツ、ブロッコリーであまりにも徒長した苗は、挿し木するのも手だ。昨年、子葉の上の本葉軸を切ってプラグポットに挿し木してみたら一〇〇%発根した。そこで十一月上旬、挿し木苗を畑の空いたスペースに密に植えてみたら、端境期の四月にミニ状態のキャベツやブロッコリーがたくさんできた。直売所に出荷したらよく売れた。徒長しても挿し木すれば立派な苗に変身する。

スーパーセル苗は、鉢上げできれいな姿に

常備しておくと便利なのが、スーパーセル苗（超老化苗）だ。これがあれば苗を切らす心配がない。

セル苗を、通常の育苗（二五〜三〇日程度）の二倍以上の期間、追肥せずに水のみで育てる。葉が赤紫色になったら、スーパーセル苗の完成だ。

この苗は、葉が赤紫色のあいだは害虫が寄りつかないし、真夏の暑い時期に定植しても滅多に枯れることはない。ところが見た目が悪いので、そのまま出してもお客さんはまず買わない。そこで七・五cmポットに鉢上げする。培土にはボカシ肥が入っているので一五〜二〇日置けば、新葉が展開して活き活きとした姿になる。あまり苗がない時期にも出荷できるので、買いに来たお客さんからは喜ばれる。

現代農業二〇一七年八月号

徒長苗の鉢上げのやり方

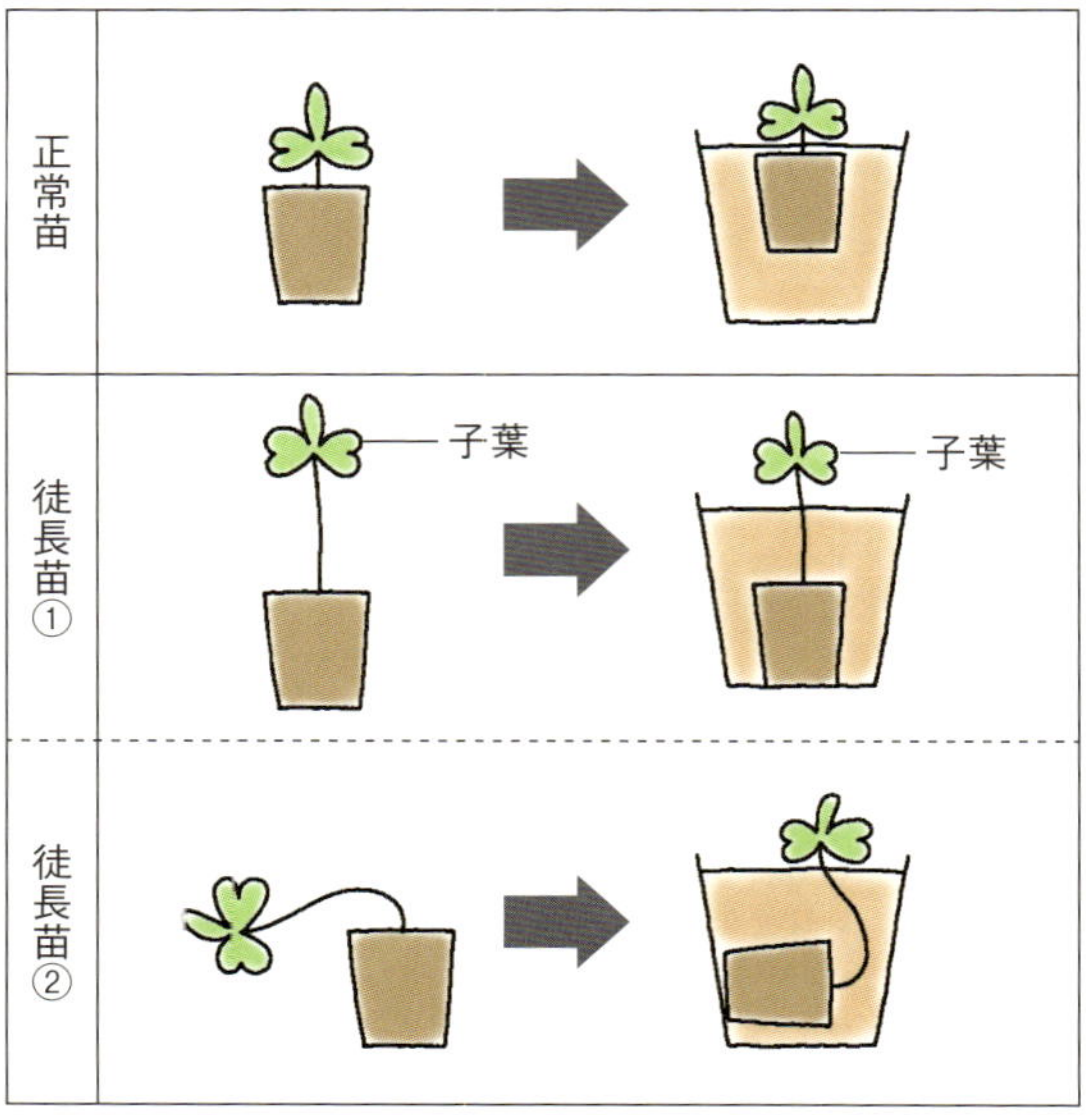

鉢上げで、２本植えを揃える

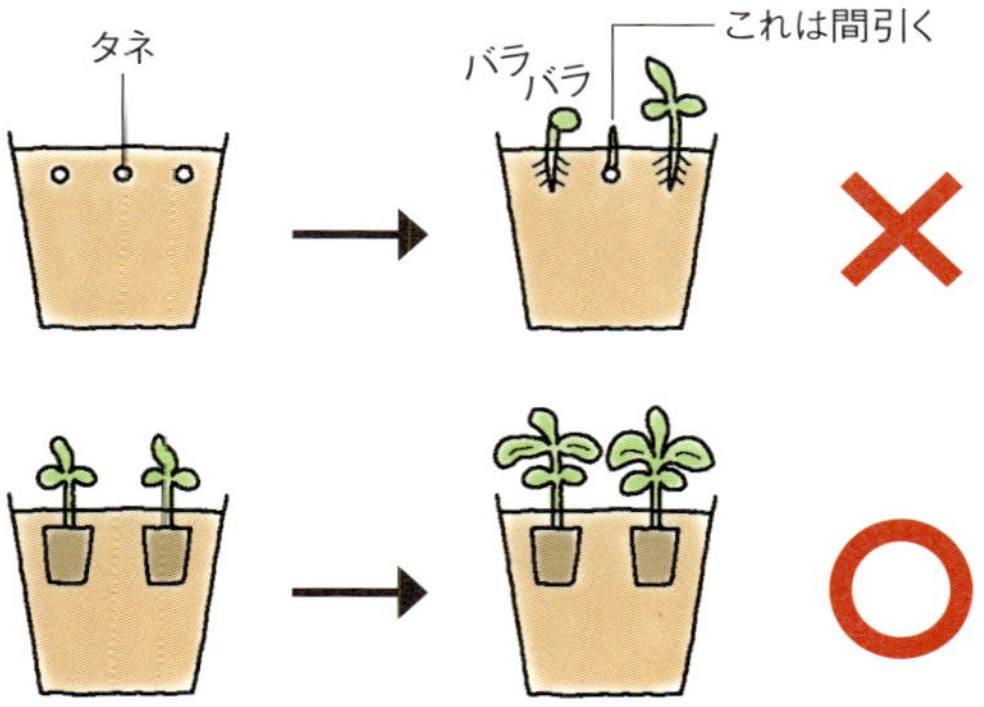

エダマメ、オクラ、エンドウの苗は2本仕立てで売られていることが多い。峠田さんも同じように2本仕立てにして売っているが、ポットに2〜3粒播いても揃って発芽することはまれだ。発芽しても生育が不揃いになって出荷できないものが多く出る。そこで峠田さんは、144穴のプラグポットに1粒ずつタネを播き、子葉の大きさ、胚軸の長さ、太さが同じものをポットに2本植えする。そうすれば生育が揃った苗になるからだ。エダマメとオクラは初生葉が半分くらい展開した頃に、エンドウは本葉が1〜1.5枚くらいになった頃に、9cmポットに2本ずつ植える。

廃ビニールをはかせた足元ホカホカの育苗台。12月下旬、夕方4時、ハウス内の気温は10℃だが、トレイの培土の温度は15℃あった（写真はすべて赤松富仁撮影）

廃ビニールをはかせて頭寒足熱！

レタスのセル苗が大変身

茨城県八千代町●青木東洋さん

自作の育苗台を説明する青木東洋さん。4haの畑でレタスやブロッコリーなどを栽培

ついに完成形になった

長年ニンジン一筋でやってきた青木東洋さん（六三歳）が、仲間と契約出荷するために、レタスやブロッコリーをつくるようになって一〇年余り。これらは直播きのニンジンとは違い、セルトレイを使った苗づくり。

「いい苗をつくれば間違いなく畑での生育がいいんです」。だから青木さんは育苗にこだわってきた。光の当て方を変えてみたり、風通しを考えてみたり、覆土の種類を変えてみたり……。そうして今、ついに「完成形になった」という。

十一月から翌年四月までずらしながら播種する冬春レタスの育苗で、地温に目を向けて少し工夫してみたら、課題が一気に解消し、驚くほど力を持った苗ができるようになったのだ。病気にはならないし、生育スピードも速い。定植した後の育ちも抜群にいい。近所の農家もビックリするほどだ。

すくすく育って、べと病も出ない

青木さんはレタスの育苗を無加温ハウスで行なっている。コンテナと鉄パイプで作ったお手製の育苗台にセルトレイを並べるという育苗スタイルだ。そしてその工夫というのが、育苗台の周囲をグルリと廃ビニールで覆って密閉したこと。日中、ハウス内が暖かくなると、廃ビニールの中に閉じ込められた空気が暖まり、同時にその上に置かれたセルトレイの底がポカポカと温まる。シンプルなしくみだ。

「ビニールをはかせるだけで、中の温度がぜんぜん違うんですよ。夕方測ると、ハウス内の気温より、セルトレイの地温はだいたい四〜五℃高い」

苗にとって地温が四〜五℃違えば大変なこと。おかげで生育スピードがガラリと変わった。冬の育苗は播種から定植できる苗になるまでに四五日くらいかかっていたところが、三〇日弱で育つ。しかも素直にのびのび育つのだ。

　さらに、育苗で苦労が絶えなかったべと病が一切出なくなった。これまでは寒い夜は霜よけにトンネルをかけていたが、保温できる一方で過湿になりやすい。おかげで必ずべと病が出る。でも足元がポカポカの育苗台ならトンネルをかける必要がないので、過湿にはならない。つまり、べと病が出る根本要因がなくなったのだ。

直播きと同じ畑の環境を育苗で再現する

なぜこんなやり方をしようと思ったのか。青木さんは二十歳の頃に経験したことが頭にあったという。当時もレタスを少しつくっていて、直播きしたレタスと、育苗したレタスを同時に育てたことがある。すると播種日は同じだったのに、直播きしたレタスは育苗したレタスより、半月も早くとれた。育ちがよくて、とても立派なレタスになった。

「直播きすると、レタスの生育がすごくいいんです。だけど、あの小さなタネを一粒ずつ播くのは大変だから直播きする人はいなくなったわけですよね。で、育苗するときも、直播きしたのと同じような畑の環境にしてやれば、もっといい苗ができるんじゃないかと思ったんです」

　そうしてさまざま考えるなかで、目を向けたのが地温だった。寒い日の夕方、畑で作業していると、気温がどんどん下がっても、マルチを張った土の中は明らかに温かい。地上部は寒くても、地下部は温かい。つまり、頭寒足

青木さんの足元ホカホカ育苗台

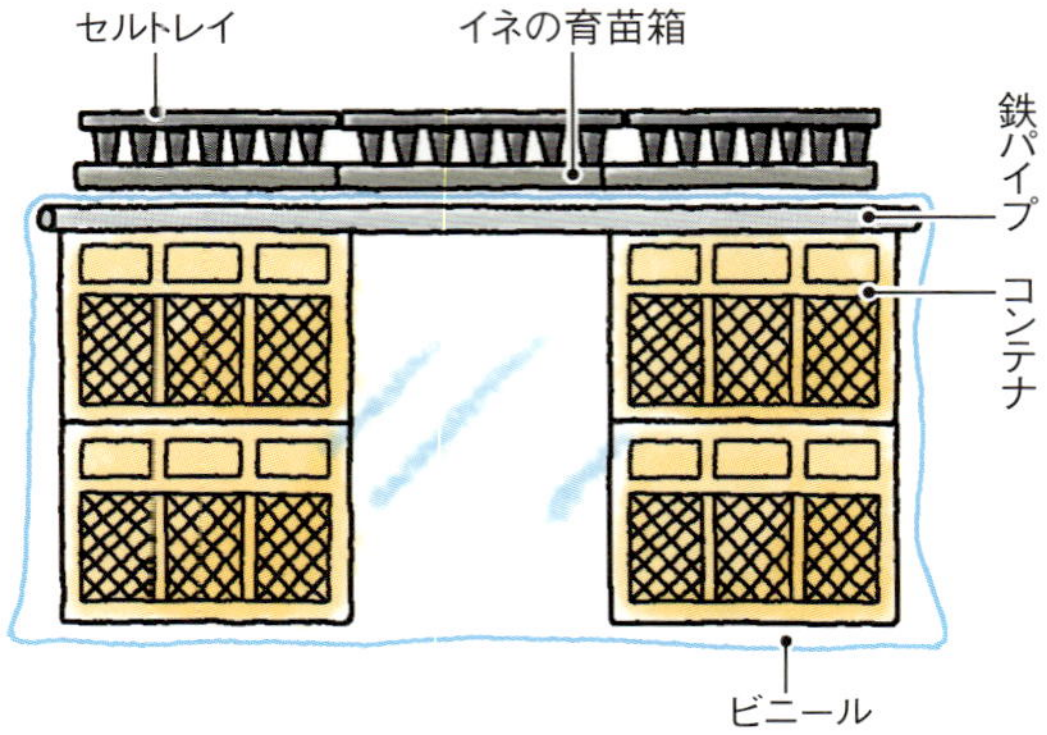

コンテナを2つ重ねて鉄パイプを渡し、その上にイネの育苗箱を逆さまに置き、セルトレイを載せる。廃ビニールで鉄パイプより下の側面を覆う。
以前は、イネの育苗箱にセルトレイを入れていたが、育苗箱と育苗箱の隙間から風が抜けて苗の揃いが悪くなったので、逆さまに置くようにした。それで生育が揃った。
廃ビニールで覆うのは12月上旬から2月下旬頃まで

青木さんのサニーレタス苗。セルの底から根が見える。「育苗台をビニールで覆うと、湿度も保たれるんです。ふつうは乾いてしまって根は見えない」

定植して1カ月後のサニーレタス。素直に育っている。12月下旬、夕方5時、トンネル内の気温は6℃だったが、地温（地下10㎝）は15℃もあった。まさに頭寒足熱。「これが自然の姿です」

播種して2週間のサニーレタス苗。本葉が出た時点で隣の葉とかぶさるほど子葉が大きい

発芽し始めたタネ。子葉を展開する前から緑になっている。「もう光合成が始まっているんです」

熱だ。これが自然の姿。直播きレタスの生育がいいのはこのせいだ。セルトレイ育苗は培土が冷えやすい。頭寒足熱を育苗に取り入れれば、もっといい苗ができると思ったのだ。

根が寒くて可哀そう

しかしセルトレイ育苗は、なぜ培土が冷えやすいのか。それは、「トレイは直接地面に置かず、育苗台やベンチに載せる」と教科書に書いてあるからだ。浮かせておけば、かん水した水がトレイの底に溜まらないので、無駄な養水分を吸わず、生育が揃いやすい。だから青木さんも育苗台を作り、その上で育苗してきた。でもあれは、レタスにとっては過酷な環境だったと今は思う。

「うちのほうは、真冬になると氷点下五℃とか、七℃とかになるんです。そうすると、トレイの培土は凍る。根も凍る。これ、可哀そうじゃないですか。ふつう畑のなかで根が凍るなんてことはないですからね。一時的に凍っても根は死にませんが、生育はすごく抑制されると思うんです」

それに比べて今の青木さんのやり方は、ちゃんとトレイを浮かせた状態を保ちつつ、育苗台の中の空気がポカポカと暖まるので、凍てつくような夜でも根がダメージを受けにくい。まさに畑の環境を育苗で作り出すことに成功したわけだ。

「なぜここまでこだわっているかというと、苗を早く育てたいというのではなくて、ストレスをかけたくないんです。これだけ苗が変わったのはストレスを取り除くことができたから。本来、苗はこういう力を持っているんですよ」

力強く育つ苗の変化を目の当たりにして、青木さんは日々ワクワクしている。

芽を出す前から光合成、だから子葉が大きい

育苗のことで最近、青木さんがもうひとつワクワクしていることがある。

「うちの苗はタネッ葉（子葉）が大きくなるんですよ」

よく見ると、たしかに近所で見たレタスの苗より子葉が大きい。理由は、

養分を無駄に消費していないからだという。

青木さんは、厳寒期の芽出しは電熱線を使い、小さなトンネル内で三日ほど温めて、タネが発芽し始めたら、セルトレイを育苗台に並べている。ちょうど並べたばかりのセルトレイがあったので、スムーズな発芽の実態を見るべく、カメラのマクロレンズで発芽し始めたタネを覗いてみた。すると、コート種子が割れていて、これから出てくる苗の姿が見えた。すでに緑になっている（前ページの写真）。

「これです！　彼らは発芽する前から土の中で光合成してるんです。発芽のための養分をタネだけに頼るんじゃなくて、自分でも作り出してる。だから力強く発芽する。タネッ葉が大きくなって、その後もスムーズに生育するんです」

ところが、芽出しの温床からセルトレイを出すのが遅れてしまうと、モヤシのように白い芽が伸びてしまう。そういう苗は子葉も大きくならないし、弱々しい、と青木さん。白い芽が太陽のもとで緑色になるのに二日間かかるそうで、その間は光合成ができないので、体力をかなり消耗してしまう。

「温床で芽が伸びちゃった苗は、後で何をしても弱々しいままで、畑でも絶対にいい生育をしません。だから温床からトレイを出すときは、遅れないようにすることが大事。芽が出てからじゃなくて、出る寸前に育苗台に並べるのがベストです。

ただ、こうやって気を付けていても、急な葬式とかがあると遅れちゃって、帰ってきて見たら、アチャー、っていう失敗もありますけどね（笑）」

現代農業二〇一七年四月号

葉菜類のセル苗で困る病気と予防策

農研機構　野菜花き研究部門●佐藤文生

苗が密集しているセル育苗では、一度病気が発生すると広がりやすいので、病気の予防に細心の注意が必要です。セル苗の病気には有効な農薬が各種ありますが、できれば農薬の助けを借りずに苗を育てたいものです。

ここでは、キャベツやブロッコリーの育苗でよく発生する病気とその予防策について紹介します。

ベト病　近縁の野菜を栽培しない　過湿を避ける

ベト病はペロノスポラというカビの感染によって起きます。この病気に感染すると、葉に淡黄色の病斑が生じ、やがて灰褐色に変わり、葉が壊死します。このとき葉の裏側には霜状の菌のうが発生し、そこで形成された胞子が飛散して病気が広がります。

このカビには、生きた植物内でしか生きられない絶対寄生性という性質が

ベト病の子葉の裏側にできた菌のう

ベト病に感染した苗（野菜茶業研究所　窪田氏提供）

あり、寄生できる植物も近縁に限られます。また、低温気味でやや湿度が高い条件を好むので、近くで同じ種類の野菜を栽培しないこと、十分に換気して過湿にならないように管理することが予防対策となります。

苗立枯病　感染土壌を持ち込まない

苗立枯病はピシウム菌やリゾクトニア菌といったカビの感染によって起きます。この病気に苗が冒されると、まず胚軸がくびれて変色し、やがて苗は水を吸収できずに枯死します。土壌伝染性の病気ですが、専用培土を購入して使うことが多いセル育苗では、培土自体が感染の原因になることは少なく、菌が潜む土を外から持ち込むことが主な原因となります。

苗立枯病に感染した苗

そのため、育苗ハウスに入る前に靴や服の土をよく落とすことが有効な対策となります。また、以前に病気が発生したことがあれば、セルトレイに菌が付着している可能性もあります。セルトレイを資材用消毒剤で消毒するか、できれば新しいものに更新しましょう。

黒スス病　無病種子を使う

黒スス病はアルタナリアというカビによって起きます。この病気に感染した苗では、葉に黒色の小斑点が生じ、それが徐々に拡大していきます。種子伝染性の病気で、育苗時に発生する場合は、菌に感染した種子の使用が原因となることが多いようです。

このため、しっかり消毒された無病種子を使うことが重要です。もし、病気の苗を見つけたら、すぐに取り除いて二次感染を防ぎます。また、かん水時の水しぶきによって飛沫感染するので、底面給水に切り替えるなどして感染の拡大を防ぎます。

現代農業二〇一三年三月号

黒スス病による黒色の小斑点

ネギ

大苗定植なら、「こんな簡単な野菜は他にない」

福島県いわき市●東山広幸

穴あき黒マルチ3715に仮植えして約1カ月後の姿（5月中旬）

直径1cm以上、長さ60cm前後の巨大苗を定植する（6月下旬）。夏ネギでも、1月播種ならこれくらいの大苗を植えても抽苔しない

初期生育が遅く、雑草に負けやすい

私の畑はすべて借地である。もともと荒らしていた土地ということもあり、どこも雑草の芽がびっしり出てくるような畑で、無償で草引きをしてくれる「じっち」や「ばっぱ」も、わが家にはいない。それゆえ、ニンジンやネギ類など、初期生育の遅い野菜をつくるのには苦労する。

荒地だった畑は地力もなく、とくにネギ類は、苗作りからして難しい。そのため、私も百姓をはじめた頃はネギ類の栽培が大の苦手だった。それが、今ではもっとも安定してとれる野菜のひとつとなった。

今回は、草だらけになりやすい畑で、いかにネギをつくるかを書いてみたい。

仮植えして大苗を育てる

地力のないところで、有機栽培のネギ苗をつくるのは至難のワザなのだが、ポットで育苗をすれば簡単にできる。タマネギと同様、ペーパーポット育苗（ミニポット二二〇）＋穴あき黒マルチに仮植えという方法だ（二〇一三年八月号、一二ページ参照）。

タマネギのように一〇粒も播くと苗が揃わないので、五～六粒にしておく。夏ネギなら真冬にタネを播き、秋から冬に収穫するものは春の彼岸～四月に播種する。

七～八cmに伸びた稚苗を仮植えする。仮植え床のコヤシは、いつものモミガラ堆肥＋魚粉でいい。猛烈に痩せている畑では、前年、秋の彼岸までに米ヌカを五〇kg／aぐらい振って耕起しておくと肥切れしない。黒マルチは九五一五か九四一五、三七一五の穴あきを張る。

途中で一度は草引きをしなくてはならないが、仮植え後一カ月あまりで、「これ、そのまま食えるんでねえか…」

と言われるような大きな苗になる。

元肥は定植後のモミガラ堆肥だけ

苗は大きいほど雑草に強い。ただし、植え方にもよるが、大きいほど曲がりやすいという欠点がある。だから、少々曲がっても販売に問題がない場合はできるかぎり巨大な苗で植え、見た目至上主義の場合は小さめで定植する。

モミガラ堆肥の元肥と米ヌカ追肥だけで立派なネギがとれる

私は宅配中心なので、直径一cm以上、長さ六〇cm前後の巨大苗にして植えている。このぐらい大きい苗になると相当かさばるから、仮植え畑は定植畑に近いほうがいい。

定植は、鍬でやや深く溝を切り、そこに五～六本の束のまま、直立するようになるべく立てて定植する。ただし、分げつネギの場合は一～二本にバラして植える。あとの土寄せを考えてウネ間は九〇cm前後、株間はネギ一本につき三cm（五本まとめて植える場合は一五cm、分げつネギなら分げつ後の本数×二～三cm）。

並べたら、倒れないように足で土を寄せ、踏み固めて、最後に株元にモミガラ堆肥を敷いておく。元肥はこれだけだ。

ウネ間に米ヌカをふって土寄せ

定植後一週間ぐらいして活着したら、ウネ間に米ヌカ（一kg／m）を振って中耕する。約三週間後、米ヌカが分解したら培土器で土寄せし、トンボで株元の草を埋める。土寄せが終わったら再び米ヌカを振って中耕し、分解したころ、同様に土寄せする。植えた時にはもう太いので、すぐに土寄せを開始できるのがミソである。

三回目の土寄せは台風がくる前に行なったほうがいい。倒伏の被害を少しは軽減できる。管理機のネギローターを使うか鍬で上げる。私はネギローターをもっているが、石が多い畑ゆえ使用できないので、人力でやっている。

他の仕事が忙しくネギの管理を怠っていると、あっという間にネギが隠れるほど草が生えることがある。こういうときは、刈り払い機でウネ間の雑草を刈る。その際、必ずウネをまたいで、ウネと平行に刈り刃を動かす。ウネと直角に刈り刃を動かすと、何かに当たった反動（キックバック）でネギを切ってしまう。

刈った草は外に出さないと土寄せができないので、フォークなどを使って片付ける。株元の草は手で引くしかないが、どんなにすごい草でも一a当たり一時間はかからない。

冬ネギの場合、最終の土寄せは十月までに終わらせておかないと、軟白部の長さが足らなくなるので注意する。

ネギアブラムシは苗のうちに手で潰す

病害虫でもっとも怖いのはネギアブ

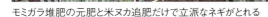

ラムシである。他の野菜のアブラムシは放っておくといなくなる場合が多いし、壊滅的な被害を出す場合も少ない。しかし、ネギアブラムシは勝手にいなくなることはほとんどなく、ネギは葉鞘（白い部分）がスカスカになって枯れてしまう。まるでトビイロウンカで坪枯れを起こしたイネのような被害が出る。

対策は手で潰すしかない。苗のうちにつくことが多いから、時々畑を見回って、初期発生時に完全に潰さなくてはならない。

水はけのいい畑で病気予防

病気に関しては、生育初期に大雨で冠水でもしないかぎり、致命的な病気は少ない。サビ病が発生して一晩で真っ赤になることがあるが、生育が遅れることはあっても、それが原因で枯れたことは一度もない。天候をコントロールすることはできないので、水はけのいい畑につくることが病気予防になる。また、肥効の安定が重要で、そのためには米ヌカ施肥が一番である。

太くなったものから収穫

生育がきれいに揃うとはかぎらないから、太くなったものから順番に収穫して売る。食う側としては、太さが揃っている必要はないので、私は太さを揃えて売ることはしない。しかし、細いまま収穫するのはもったいないので、太るまで待つ。

品種によって、抜きやすさに差があるので、抜きやすい品種を選んで播くと、間引き収穫のときに便利である（私は主にタキイのホワイトシリーズ）。

◇

ネギはうまくつくると、ほぼ年中売れる。直売、特に宅配している私にはもっともありがたい野菜のひとつである。しかもコツさえ覚えればこんな簡単な野菜は他にない。直売生産者はぜひ得意な野菜にしてほしい。

現代農業二〇一四年五月号

太陽シートのべたがけで発芽率六〇％が八〇％以上に

ＪＡやさと●前島雄一郎

茨城県南に位置するＪＡやさとでは、耕作放棄地の解消と、品質・生産性の向上を図る力量ある生産者を育成することを目的に、農業生産法人「やさと菜苑株式会社」を二〇一二年に設立しました。石岡市でネギなどの露地野菜を栽培しながら、新規就農者の育成にも力を入れています。

今回紹介する太陽シートを使った発芽も、新規就農者が低コストで導入できる技術として推進しています。

暑い時期の発芽率低下が課題

ネギは酷暑となる七〜八月を除き通年播種をしますが、近年は温暖化の影響により気温が高くなりやすい五〜六月の春播きや九〜十月の秋播きが難しくなっています。ネギの発芽適温は一五〜二五℃です。しかし、この時期は三〇℃を超える日も多く、発芽率が低くなってしまうのです。

イネで使う発芽器を使用すれば比較

的安定して発芽させることができるとはいえ、導入には三〇万～四〇万円必要で、新規就農で独立する場合には初期投資の負担が大きいのが課題でした。

平置き＋太陽シートで発芽率八〇％以上

発芽器のない新規就農者は、従来暑い時期には、播種・かん水後のセルトレイやチェーンポットを涼しい場所に段積みして遮光。発芽後、ハウス内のベンチ上に移して育苗をしていました。しかし、段積み発芽では上と下で温度ムラもあり発芽が揃わず、発芽率も六〇％程度。その後の生育不良も含めると定植できる苗は約五〇％になってしまうときもありました。

そこで水稲の発芽で定評のある太陽シートを利用してみました。太陽シートはほとんどの光を反射するため地温上昇を抑える効果が高いと聞き、初めからハウス内のベンチにトレイを平置きして、太陽シートをべたがけしました。調べてみると、五月下旬ではハウス内の気温が三五℃でも太陽シート下は二九℃、六月中旬ではハウス内が四五℃でも太陽シート下は最高で三四℃、おおむね三〇℃以下で安定したため発芽率は八〇％以上にまで向上しました。

その後の生育不良も減ってよい苗を育苗することができ、収量も大幅アップとなりました。

作業性も向上、経営も安定

発芽器に比べると安価な投資で発芽率を安定させることができる太陽シートは、軽くて取り扱いがラクにできることも魅力です。軽さのわりに風にあおられにくいので、裾を軽く押さえる程度で大丈夫です。また、トレイをハウスに平置きしたまま発芽させられるので、発芽器や段積みに比べ苗の出し入れの手間が少ないのも助かります。発芽までの管理作業の手間もなく、他の作業に専念することができます。

発芽の安定は、その後の作業に大きく影響するとともに、予備苗を減らすことができるので種子量や培土の量を減らせます。余計な経費を減らせ、新規就農者の経営安定にもつながります。

最近ではネギだけでなく、タマネギの育苗にも取り入れ、九月のまだ暑い時期にも安定した発芽をさせることができています。今後は八月播きのキャベツや他の野菜にも利用していきたいと考えています。

現代農業二〇一七年九月号

太陽シートの下で発芽させたネギ。これくらいでシートをはぐと80％以上は出揃う

筆者（左）と就農2年目の小野紀央さん。小野さんは現在1haでネギを栽培。太陽シート使用で発芽率が安定。収量もアップした

ネギ

低温発芽で初めていいネギ苗ができた

山形県山形市●吉田竜也

髪の毛みたいな苗だった

山形県山形市で新規就農し、今年で五年目になります。現在の栽培品目は主にネギとスイートコーンで、地元のスーパーと仲卸をメインに出荷しています。

ネギを主体に就農したのですが、研修などに行かなかったので、栽培技術はほぼ皆無、生産がうまくいかない期間が二年間続きました。そんな時、農家の友人に山形県新庄市のネギ生産者、奥山聡さんを紹介してもらい、就農三年目から奥山さんの指導でネギの栽培管理を進めてきました。おかげで作業効率も上がり、生産もだいぶまともになりました。

そして今度は奥山さんから、地元の種苗会社（種苗七福心）を紹介してもらい、そのメインアドバイザーを務める土微研（静岡県の土壌微生物管理技術研究所）の片山悦郎先生と出会いました。

当時の課題はネギの育苗でした。就農当初は購入苗と自分で育苗した苗で作付けていたのですが、どちらの苗も細長く、まるで髪の毛のよう。就農したばかりの自分が見ても、頼りない苗でした。案の定、定植しても活着がうまくいかず、そのまま萎れてしまったり、動き出すまで時間がかかってしまい、その後の生育も思わしくなかったのです。最初に生育差がつくと、最後までその差が埋まらず、収穫作業にも響きます。

低温で、まず丈夫な根をつくる

そこで片山先生に相談したところ、低温発芽の話をしてくださいました。普通はある程度高温で管理したほうが、発芽が早く揃ってよいとされてい

筆者。ネギ1haにトウモロコシを30a栽培
（写真は※以外、赤松富仁撮影）

低温発芽でガッチリ育った去年の苗（チェーンポット）。定植後の萎れが少なく、バッチリ活着した（※本人撮影）

ます。しかし、低温発芽の狙いは逆に、発芽までの時間を長くすること。発芽よりも発根を優先させ、根数を増やして丈夫にすること。そして発芽後も高温管理はせず、根傷みしない最低温度を保つことだと教わりました。ネギの根っこは、主根が二℃、毛細根が八℃以下になると傷みだすとのことでした。

発芽温度は二〇～二五℃を一二～一三℃に

そこで就農四年目の去年、さっそく低温発芽を試してみたわけです。この地域では、ネギの播種が二月の厳冬期に当たるので、うちでは電熱線の温床で発芽させ、その後も温度をかけて育苗します。以前は教科書通り、発芽温度を二〇～二五℃に設定していました。それを去年は一二～一三℃まで下げました。

播種後にかん水、一日おいてから温床に置きました。以前の設定温度だと三～五日で発芽して地上に顔を出すのですが、低温管理してみると、発芽までに一〇日前後かかりました。その間は正直、本当に発芽するのか不安でしたが、無事にポツポツと芽が出て、最終的にはしっかり出揃いました。

また、以前は発芽時に種皮と一緒にコート（コーティング種子の被覆）をつけたまま持ち上げていたのですが、低温発芽にすると、コートを土中に置いてくるようになりました。じっくりゆっくり育つようになったからだと思います。

温床に並んだ苗。ハウス周りは積雪しているが、日中は20℃くらいになる。気温が下がったらビニールを被せ、床下の電熱線で設定温度以上に保つ。一緒に苗を見ているのは種苗七福心の藤塚さん

発芽後も低温で管理、かん水は地温水で

発芽後の温度管理も下げました。以前は地上に顔を出したのを確認してからは二〇℃で管理していたところを、去年は地上に顔を出す前に、設定温度を一〇℃前後まで下げて管理してみました。播種後五日目頃から培土を掘って芽切れ（タネが割れて芽が出ること）していないかチェック。芽切れと発根を確認した時点で温度を下げました。とはいっても、毛細根が傷みだす八℃以下にはならないようにします。

また、毛細根を冷やして傷めないよう、かん水する時は一三～二〇℃に調整した水を使いました（「地温水」という機械を利用）。

ガッチリ苗がバッチリ活着

定植までの約六〇日間、苗をじっくり観察してみて感じたのは、育苗期

ネギ類

芽と根を比較
低温発芽と高温発芽

低温発芽と、一般的な高温発芽とでは、発芽の様子が大きく変わるという。そこで、吉田さんの圃場を訪ね、発芽したばかりのネギを見せてもらった。一般的な温度管理をしたネギと比べると、その違いがはっきり見えた――。

高温発芽のネギ

一般的な管理のネギ。発芽温度は27℃。1月28日に播種して13日目（3日で発芽した）

勢いがよすぎるのか、根が地上部に飛び出したのもある

ネギは子葉が折れ曲がった状態で、折れ目を頂点に地上部に現われる。高温発芽のネギはすでに芽の先端も顔を出している。勢いよく発芽するせいか、コーティング種子のコート（被覆）がくっついたまま

低温発芽のネギ

芽の先端がまだ土に潜った状態。3日も先に播いたのに、地上部の長さは高温発芽の苗の半分くらい

苗箱に温度計を挿しておいて地温をチェック。今は11℃

吉田さんの低温発芽苗。発芽温度は12℃。1月25日に播種して16日目

根の比較

吉田さんの低温発芽ネギ（芽の先端はまだ土中）は根毛が多く、土をたくさん掴んでいる。高温発芽のネギの根は全体的に根毛が少なく、土をあまり掴んでいない。また、つるっとした先端部がスーッと伸びている。根の徒長!?

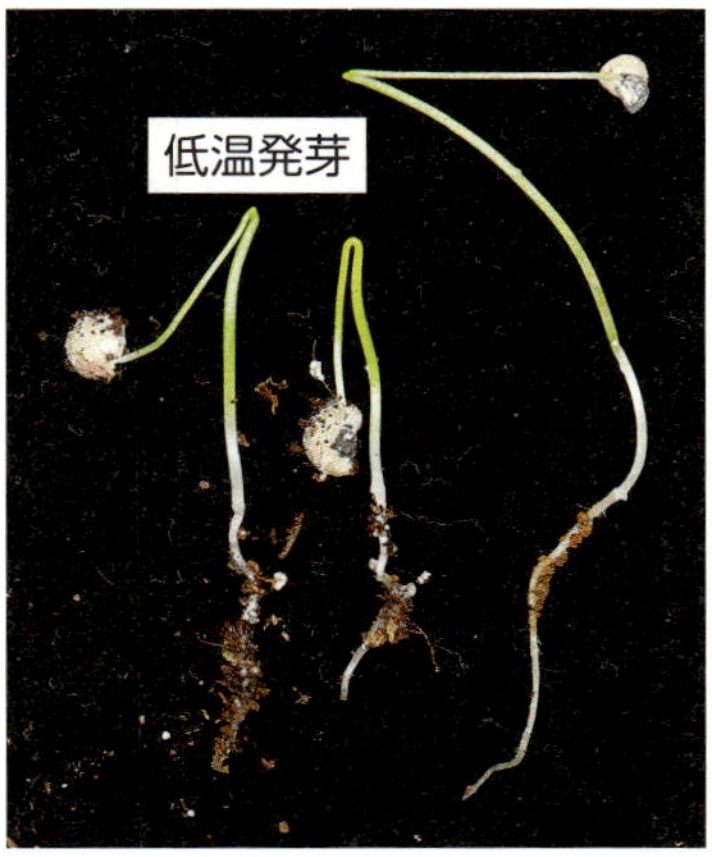

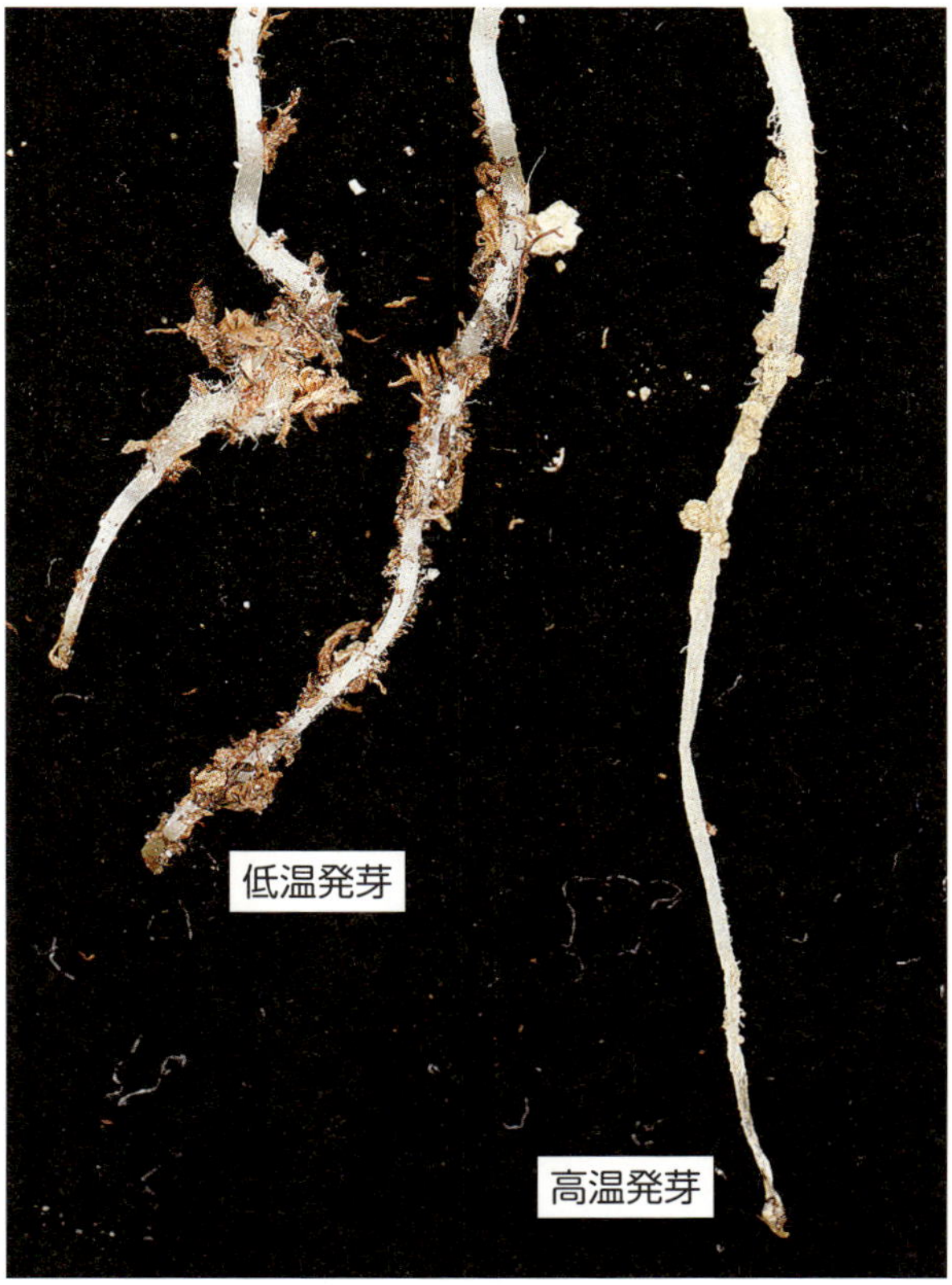

それぞれの根（抜いてから時間が経っているため、先端が萎れている）

間を通してネギがとても穏やかに生育したということです。葉肉が厚く、伸びすぎず、経験の浅い自分が見ても、はっきり違う苗ができました。ネギは二・五葉で定植しますが、伸びすぎた苗を半分くらいカットしてから定植する方が多いと思います（自分も以前はそうだった）。しかし去年は葉を切らずにすみ、ダメージをなくせたのも大きな収穫でした。

おかげで去年は定植後の活着もとてもよく、苗が倒れたり、萎れたりすることもなく、動き出しも早かったです。低温発芽をやってみて、よかったと思いました。

低温発芽こそ自然な発芽

この低温発芽を始めるのと同時に、片山先生の話をきっかけに植物生理の勉強も始めました。勉強する中で、ネギにとっては低温発芽こそが自然な発芽だということに気付きました。

失敗をきっかけに片山先生や先輩農家から学ぶことができました。失敗は成功の母です。今後も、去年入会した「農事気象学会」（二〇一五年四月号）で気象予測と植物生理の勉強を続けたいと思います。皆さんに喜んでもらえるネギづくりをして、農業がより魅力ある産業だと思われるように努力していきたいです。

現代農業二〇一七年四月号

タマネギ

ペーパーポット＋黒マルチ育苗でスタート

米ヌカ栽培のタマネギは一kg三〇〇円也

福島県いわき市●東山広幸

甘みが強くて切っても涙が出ない

味をよくする肥料として米ヌカがもっとも威力を発揮するのはネギ類だと書いた。そのなかでも、味の変化が特に著しいのがタマネギとニンニクである。

じぷしい農園で年間通してもっとも人気のある野菜もタマネギで、一kg三〇〇円と、市販品よりかなり高めに設定しているにもかかわらず、配達しているお客さん以外にも買いに来られる方がいるし、お使い物（ギフト）に使っているお客さんもいるくらいだ。

どのように味が変わるか。まず辛みや刺激臭がほとんどなくなり、代わりに甘みが強くなる。刻んでいてもまず涙は出ない。うちの娘が小学生のとき、家庭科の調理実習で市販のタマネギを刻んで、「タマネギって涙が出るんだ」と初めて知ったぐらいである。もちろん、水にさらさず生で食べられる。水にさらすと甘みが抜けてもったいない。

ということで、今回は一kg三〇〇円でも売れるタマネギの栽培法を紹介しよう（タマネギの育苗については一二ページでも簡単に触れている）。

老化が遅く、苗引きが抜群に早い育苗法

タマネギのタネ播きは中間地で九月の中旬と、ちょうど台風の多い時期である。また、年によっては秋雨前の干ばつと重なり、露地育苗は苦労する。

そのため、播種から稚苗までの一番弱い時期はハウスでペーパーポット育苗し、これを穴あきの黒マルチ（もちろん露地）に仮植して、定植苗とする。一つのポットに一〇粒くらい播いても苗質は低下しない。まだ根張りが弱い時期に仮植するので、根鉢が崩れにくいペーパーポット（二二〇穴）がおすすめだが、プラグトレイでも可能なようだ。

これを黒マルチ（一三五cm幅、七条・株間一五cmの穴あき）に仮植するのだが、さらに密植でもかまわない。みかど化工で出している三八一二というマルチ（一三〇cm幅、八条・株間一二cm）なら一二mで八〇〇〇本、一a

播種後約半月、仮植え時期のペーパーポット苗。この時期まではハウスで育てる

穴あき黒マルチに仮植えした苗を一気に引き抜き、バラして定植する

で四万三〇〇〇本の苗ができる勘定だ。ただし、実際にはネキリムシ被害があったりするので、この七～八割の本数とみておいたほうがいい（仮植え時の施肥はモミガラ堆肥を適量と魚粉を一a当たり一〇kgくらい）。

この育苗法では肥切れがなく、またマルチで地温が保持されるためか苗の老化が遅い。また、一〇本前後の苗をゴボウ抜きできるため、苗引きが抜群に早くできるのがありがたい。五分で一〇〇〇本の苗を引くのはいとも簡単である。

米ヌカをすき込んだら すぐにマルチ

さて、実際に味をよくするのは定植の際の施肥である。当然米ヌカ中心の施肥で、だいたいの基準は一〇aに八〇〇kg。これに速効性のモミガラ堆肥・魚粉を少々（根つけ肥）、さらにカキ殻石灰も適当に入れ、ときにはグアノも入れることもある。

重要なのは、これらのコヤシをロータリですき込んだら、すぐにウネ立てして黒マルチを掛けることである。マルチはタネバエよけに必須だからだ。マルチはできれば無穴のものを張り、自分で六条なり七条なりに、苗がようやく入るぐらいの小穴を開けてやると、保温・虫除け・草除けのどちらにも効果が高い。

ウネは必ず南北ウネにしたい。東西ウネではどういうわけか南側に植えた苗が枯れやすい。温度が上がりやすいのになぜ？と思うが、おそらく米ヌカが急激に分解して根を傷めるのだろう。

また、植え付け場所を用意したらなるべく早く、一週間以内ぐらいに定植する。長く置いておくと活着が悪く、枯れるものが増える。これも米ヌカの分解が進むからかもしれない。最近は寒い冬が多いので、十一月中に定植を終えたほうがいい。遅いと霜柱で浮かされる。

剣山のような葉が天に突き刺さる

定植後は、冬の凄まじい季節風で剥がされないようマルチの上に土を置く。あとの作業は株元の草引きぐらいで、もちろん追肥も不要。冬の間は見事に情けない姿をしているが、四月頃から俄然調子が出て、濃緑の葉が天に突き刺さる剣山のように直立する。

病気にもほとんどかからない。以前、地域中のタマネギが病気（灰色腐敗病？）で壊滅的な被害だったときも、私の米ヌカ栽培のタマネギはほぼ無事だった（貯蔵中の腐りはやや多かった）。

現代農業二〇一三年八月号

米ヌカで育てた絶品タマネギと筆者

5月上旬の様子。葉が剣山のように天を刺す

サトイモ

夏の葉焼け知らず
極小種イモを苗にする
サトイモ分割育苗

徳島県吉野川市●河野充憲

「大野芋」の種イモ。150芽以上の腋芽がある。一芽一芽がそれぞれ萌芽、生長する能力を持っている

この切片も1つの苗になる

大きな種イモほど葉焼けがひどい？

私の住む地域は、以前はサトイモの栽培産地で、セレベスやエビイモの栽培が盛んに行なわれていました。ところが、毎年、梅雨明けの頃になると、大きく育ったサトイモの葉に激しい焼け症状が出るといった話が地域で話題になりました（かつて私が農業改良普及員をしていた頃の話です）。

原因を突き止めるため、栽培の手順をつぶさに検証することにしました。その中で、症状の激しい畑の株を掘り起こしてみると根の量が少なく、逆に症状の出ていない畑の株は根の量が多いということに気がつきました。

さらに聞いてみると、症状の激しい畑では大きな種イモを芽出しして直接畑に植え付けるということでした。一方、やや小さめの種イモをポリポットに植え付け、ハウス内で育苗してから植え付ける場合には葉焼けが少ないこともわかりました。

そこで、どうすれば発根量を増やし、梅雨明け後に葉焼けを起こさないようにできるかを考えるようになりました。

極小種イモには葉焼けが出ない

一般に、「立派な種イモほど立派な苗になる」といわれ、それを目指す人が多いようです。栽培手引きなどをみても「充実した三〇～四〇g以上のものを使用しましょう」とあります。これだと、一〇a当たりの種イモの必要量は一五〇～二〇〇kgと膨大になります。

確かに、大きな種イモから育てた苗は大きく、がっしりしていて植え付け後も生育が早いように見えます。一方、一五g以下の極小種イモの場合、

種イモが小さいほど苗も小さくなるが、定植後は小さい種イモのほうが葉数の増加が早く、その後の生育も遜色ない

① 種イモを切る

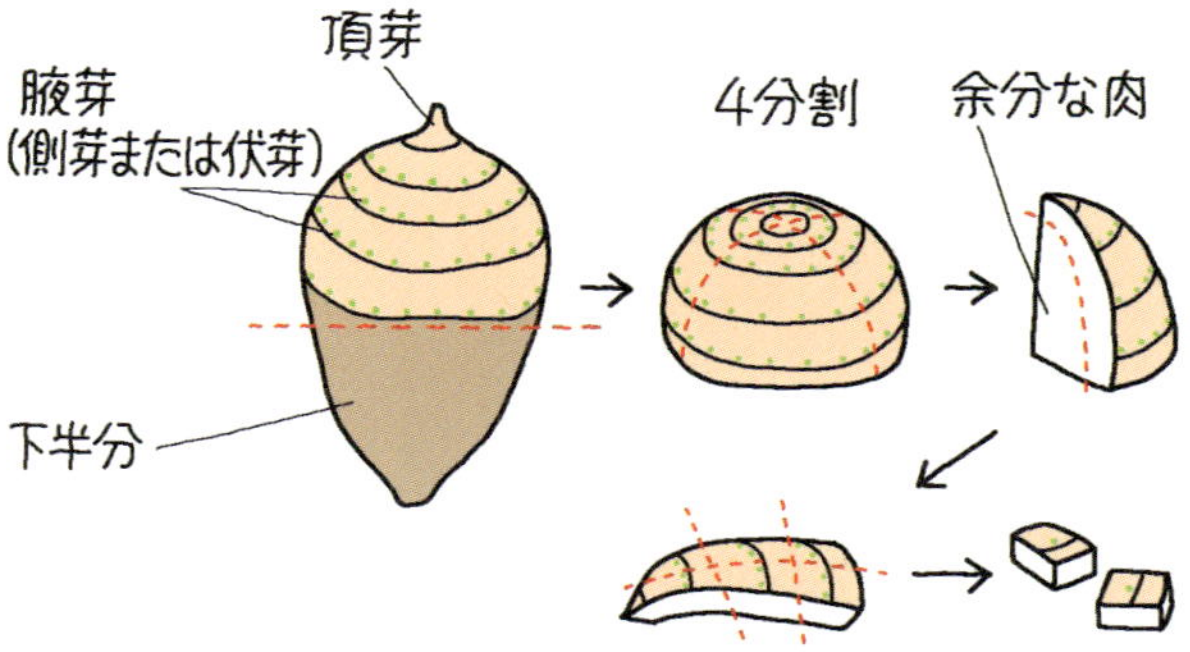

腋芽があまり付いていないイモの下半分は切り捨て、上半分を放射状に４分割する。厚み１cm以下になるよう余分な肉をそぎ落とし、表皮の面積が小さくなり過ぎない程度の切片に分割する。できるだけ腋芽が切片の中心になるようにする

② 乾燥させる

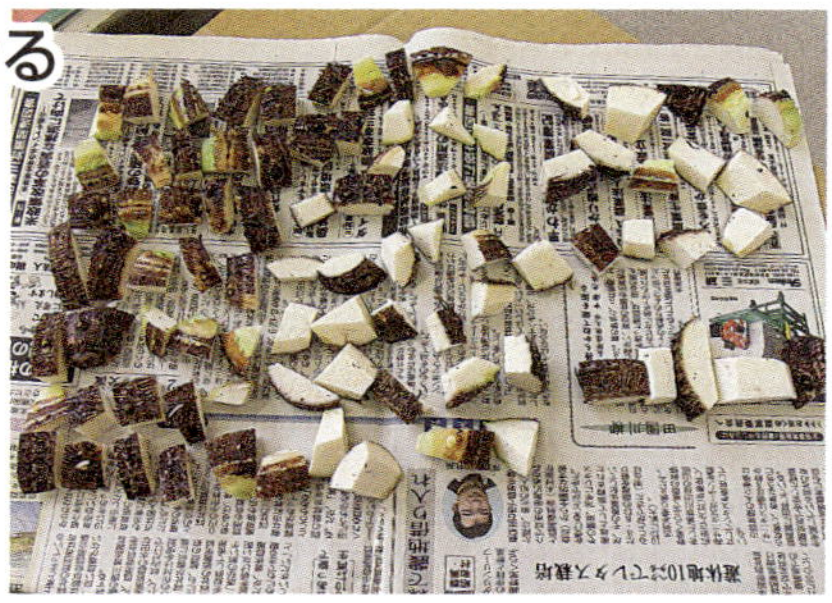

切片を新聞紙の上に並べ、切り口の水気がなくなるまで乾燥させる。写真は大きな種イモ１個から切り出した切片

③ 培地に伏せ込む

育苗トレイに培土を敷き、芽を上にして切片をタイルのように密に並べ、乾燥しないように薄く覆土する。培土にはピートモスなど無病の園芸培土を使う

④ 保温する

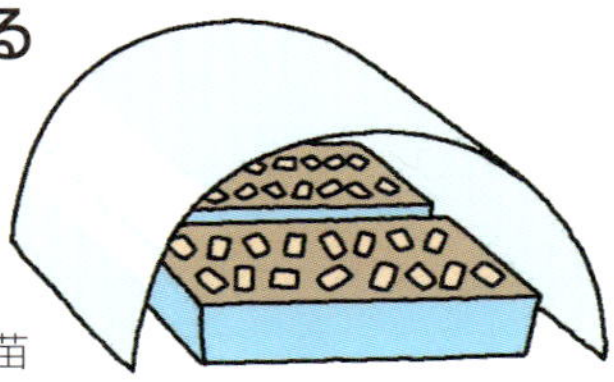

ハウス内の、電熱マットで28～30度にした育苗ベッドに並べる。トンネル被覆して保温する。表面が乾いたら水をやる

⑤ 鉢上げする

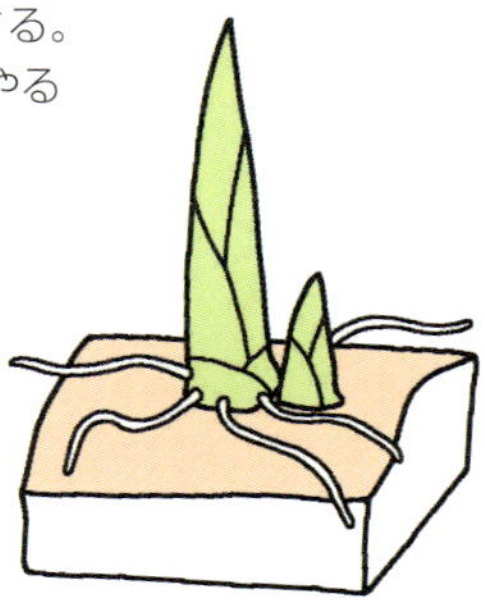

伏せ込み後１週間もすると芽が緑色を帯び、少し伸び出してくる。芽の伸長が進むと、芽の付け根から白い根が見えるようになる。根が絡む前に7.5cmのポリポットに鉢上げする（伏せ込みから約１カ月後）。鉢上げ後はかん水とともに、葉色を見ながら適宜追肥する

⑥ 定植

定植前の苗。伏せ込みから約２カ月で定植できる。展開葉３～４枚で根鉢も十分発達している

苗は小さく、栄養分を種イモからとるため植え付け時には種イモがほとんど残っていません。

ところが、植え付け後は極小種イモのほうが葉数の増加が早く、その後の生育はまったく遜色なくなります。梅雨明け後の日照りと乾燥による葉焼けも極小種イモのほうには見られません。

根と葉をどんどん増やしてすぐに自活する

これは、極小種イモのほうがしっかり根を伸ばしているからだと考えられます。大きな種イモの苗では、定植後も種イモの貯蔵養分を利用して生育できるので、根を伸ばすのが後回しになります。それに対して極小種イモの苗では、定植時にはすでにイモが残っておらず、生育に必要な養分

は早いうちから根や葉をどんどん増やして自活する必要があるのです。

一五g以下の極小種イモを積極的に使用することで、立派なイモを種イモにまわす必要がなくなります。小さな種イモを有効利用できるのです。

将棋の駒の「歩」ほどの大きさでも大丈夫

初めは孫イモなど小さなイモをそのまま使っていましたが、そのうちに、さらに小さな種イモでも苗をつくれないかと思いはじめました。

ある年、わが家の種イモが足りず、緊急対策で四分割した種イモを使いました。サトイモは一つの種イモに頂芽以外に脇芽をもち、どの芽も利用できます。そこで、八分割、もっと小さく…と試していき、将棋の駒の「歩」くらいの大きさでもできることがわかりました。

名付けて「サトイモ分割育苗法」。この方法では、種イモが小さく栄養分を種イモからとれないため、保温して発芽を促します（前ページの図参照）。

現代農業二〇一四年四月号

サツマイモ

踏み込み温床で苗づくり 天気のよい日に短苗を直立挿し

福島県いわき市●東山広幸

無農薬・無化学肥料栽培の場合、もっとも割のいい野菜はなんといってもサツマイモである。

まず、タネを買う必要がない（自家産の貯蔵イモを使う）、コヤシを食わない（前作の残り肥を利用）、害虫が少ない、全面マルチで除草の必要なし、いうことなしである。

痩せていて水はけがよく、イノシシの心配がないという畑さえあれば、栽培はいとも簡単である。ここではベニアズマでの経験を基に書かせてもらう。

遅植えすると水っぽくなる

震災の年、三〇年近く続けているサツマイモの育苗に、初めて失敗した。市販の苗を買って植えたが、収量は例年の半分近く。やっぱり自分で育苗した苗が一番である。

サツマイモは、ここいわき市では七月植えでも十分太る。七月植えなら温床不要で苗ができるし、早く植えたサツマのつる先を切って苗にすることもできる。ところが、ベニアズマのよう

温床の断面図

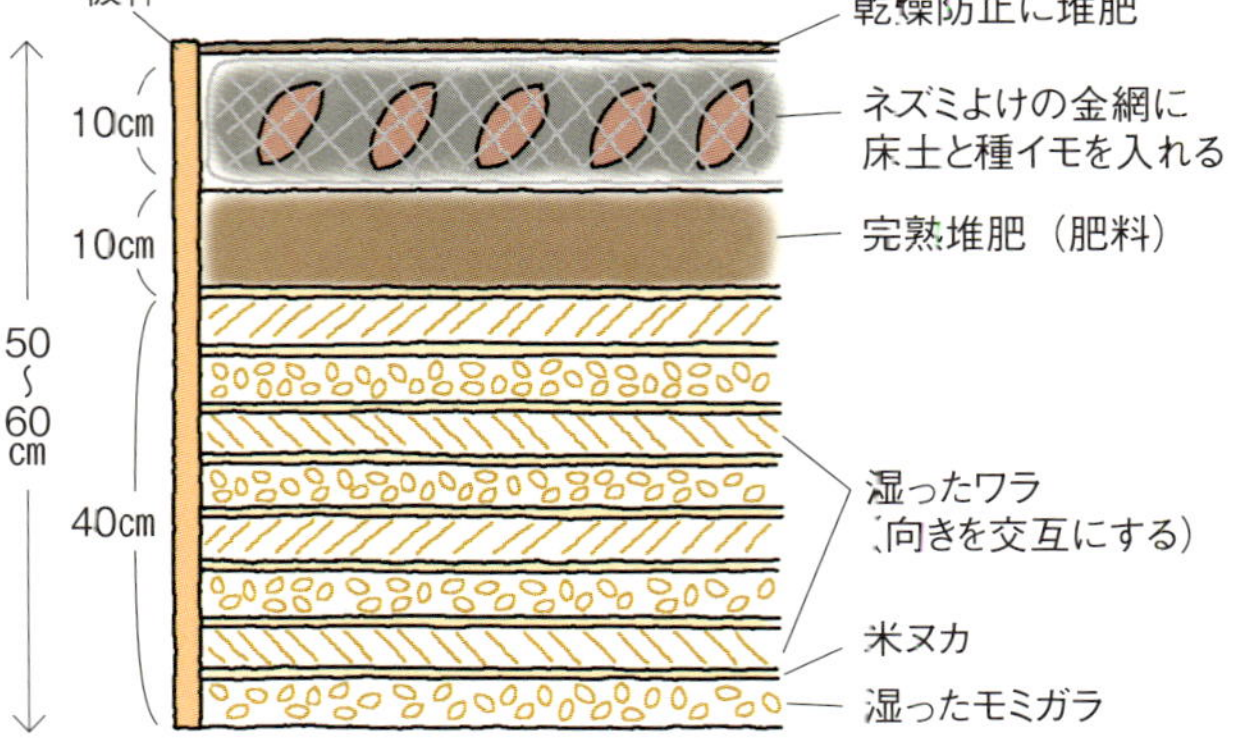

な粉質のイモは、遅く植えるとなぜか粉質にならずに水っぽいイモになる。粉質でないベニアズマはさっぱりうまくない。もともと粘質なイモや干しイモ用品種なら構わないのかもしれないが、ちゃんと甘みがのるか確認できない限り、遅植えはやめたほうが無難だ。

経験上、当地で強粉質のベニアズマをとるには、粘土地で六月上旬、砂地で六月二十日頃までに植えなくてはいけない。このため、四月上旬には種イモを伏せこみ、四月下旬には萌芽させたい。

温床は、
育苗が終わったら
米ヌカを足して堆肥に
します
10日～2週間ほど温度が保てる

簡単踏み込み温床で苗を採る

この時期に苗を採るには温床が必須である。温床といっても、それほど難しく考えなくていい。ハウス内に、通気をやや悪くして堆肥を積むと思えばいい。通気が悪いことで、通常の堆肥よりもゆっくり発酵するというわけだ。

湿ったモミガラ（一～二年間野ざらしにする）と湿らせたワラの間に米ヌカを振り、サンドイッチ状に何層か重ねていく（厚さ三〇～四〇cmくらい）。米ヌカは一坪に三〇～四〇kgほどは必要だ。踏み込みながら、たっぷりかん水することも忘れないように。最後に、コヤシとして完熟モミガラ堆肥をやや厚めに載せ、二～三日して温度が上がってきたら、種イモを伏せこむ。

種イモは温湯消毒しておく

種イモは風呂などを使って温湯消毒（四七～四八度で四〇分）しておく。種イモは種モミなどを入れる網袋に入れてお湯に浸け、消毒中は温度が均一になるよう時々揺らす。温度が高すぎると茹で上がって発芽しないので十分注意する。外部センサー付きの温度計を使い、手元で数字を確認しながら行なうと失敗しない。

温床の上に床土を載せ、その中に種イモを伏せこむ。ベニアズマは萌芽数が多いので、種イモは少なくていい。密に置くと苗質が落ちる。土の上には乾燥防止にモミガラ堆肥をかけておくといい。私のところでは野ネズミの被害が出るので、土ごと金網の中に入れて伏せ込んでいる。

好天続きの日に定植する

霜の心配がなくなれば定植できる。ただし、地温が低いほど一株あたりのイモ数が少なくなるため、早植えほど密植（株間二〇cm）にする。太るのは早いので、早掘り用となる。

ちょうどいい大きさのイモをとろうと思ったら、五月下旬～六月上旬の植え付けがベスト（株間三〇cm）。ただ、一気に苗を採ることはできないので、少しずつ植えていく。

前年に何か作付けしていれば、基本的に無肥料でいい。荒地だったところでも米ヌカ一〇kg／a程度で十分。初期生育はごく情けないが、梅雨時期になればちゃんと育つ。無肥料のほうがきれいでうまいイモがとれる。

葉が黒マルチに直接触れると枯れるため、植えたらすぐにモミガラを敷く

植え付け場所は高ウネにして黒マルチを張る。私は一〇五cmのウネ幅に一三五cmの幅広マルチを張っている。余ったすそは適当に畳んで土をかけておく。

定植は天気が大事である。雨の日に植える人も多いが、これがくせ者。五月は冷たい雨の後にフェーンの熱風が吹くことが多く、寒くて根も伸びていない時期に乾燥した風が吹いて、チリチリに枯れ上がる。好天が続いているときのほうが、よほど活着がいい。

私は気温の高い日が続くときに、切ったばかりの活きのいい苗を植える。苗は二五cmぐらいの短苗を直立挿しにする。穴を開けて挿し込み、土を押さえるだけなので作業は早い。ちなみに短めの苗のほうがイモは揃うが、活着が悪いのが難点だ。

植えて二〜三日は、日に二〜三回ジョウロでさっと水を掛ける。これでほとんどきれいに活着する。

全面マルチにすれば雑草が生えず、コガネムシも卵を産まない

つるが伸びてきたら「全面マルチ」

つるが五〇cmほどに伸びてきたら、ウネ間も草だらけである。風でマルチがはがされないくらいにつるが伸びたら、すそをはがしてマルチを広げ、全面マルチにする。重なる部分にマルチどめを刺し、雑草を覆い隠す。これでサツマイモの大敵コガネムシも卵をほとんど産めなくなるし、除草も不要だ。あとは収穫まで放ったらかしである。なんの管理もいらない。

収穫は霜に当たる前に終える

五月前半に植えたものはお盆過ぎから収穫できる。サツマイモはジャガイモと違って、細くても味は一人前である。割に合うと思ったときから収穫を始めればいい。

サツマイモは暑さにはめっぽう強いが、寒さには弱く霜で簡単に枯れる。霜に当たるとイモの貯蔵性も落ちるから、初霜の半月ほど前にはすべて掘り起こしたほうがいい。

◇

これまでにつくった品種は、ベニアズマ、ベニコマチ、安納イモ、パープルスイートロードなど数種だが、最近ではスーパーでさまざまな品種のサツマイモが並んでいる。気に入ったら種イモにして、好きな品種をつくってみてはいかがだろうか。

現代農業二〇一四年四月号

エダマメ

ヒョロ苗は寝かせ植えで倒伏なし、莢も腐らない

島根県浜田市●峠田《たおだ》 等さん

峠田等さんとエダマメ苗。子葉の上がヒョロ〜ンと伸びている

梅雨時期は、あっという間にヒョロ苗よでも、まったく困らない

連載「ハウスなし、トラクタなしで一二a三四〇万円稼ぐ」でお馴染みの峠田等さん（七四歳）。売り上げのうち一二〇万円は庭先でつくる直売苗で、春はエダマメ苗も販売している。

鮮度が命のエダマメは、とってすぐが一番うまいということで、家庭菜園愛好家に人気がある。峠田さんの苗は、背が低くてガッチリした良苗なので、一ポット一一〇円でよく売れるのだ。

ところが六月上旬から、苗づくりは峠田さんをもってしても、いくぶん難しくなってくる。

「梅雨入りするじゃろ。日が差さない、ぬくい、ジメジメする……あっという間にヒョロ苗よ」

育苗中のエダマメは、ちょっとの油断で徒長してヒョロ苗になり、商品価値がなくなる。直売所に並べても、売れ残って数日たったらもれなくヒョロ苗だ。

畑に植えるにも、ヒョロ苗だとじつに厄介。そのまま植えると倒伏する。倒伏すると着莢率が下がるうえ、実入りも肥大も悪くなる。かといってヒョロッと伸びた部分が埋まるくらい深植えすると、根（種子根）が酸欠になって生育が悪くなってしまう。

でも峠田さんは実際には全然困っていない。ヒョロ苗でもちゃんと収量がとれる、とっておきの方法があるからだ。

寝かせて植えたら、倒れないんじゃなかろうか？

八年前、まだ直売所での苗販売をやっていなかった頃のことだ。六月中旬、峠田さんは足首を骨折した。地域の運動会で派手に転んでしまったのだ。農作業ができない日々が続き、ようやく動けるようになったのは七月に入ってから。庭先には、六月二十五日に植えるはずであった、自家用の丹波黒大豆のセル苗があり、背丈三〇cmを

ヒョロ苗 寝かせ植えのやり方

使う道具は竹ベラだけ。正月飾りの門松を削って作った（写真は赤松富仁撮影、以下も）

竹ベラを植え穴に斜めに深く差し込んで持ち上げる。できた隙間に、苗を初生葉の下まで挿入し、竹ベラを抜く

葉ボタン、タマネギの順に収穫したウネに植えた。株間は15㎝、条間は30㎝

超えるヒョロ苗になっていた。

十月下旬頃にとれる丹波黒のエダマメは、甘みと香りがすばらしいうえ、粒が大きく、食べごたえがある。峠田さんも大好きで、植えるのを楽しみにしていたのだが。

晩生で、草丈が大きくなるこの品種は、ガッチリ苗を植えたとしても、三回ほど土寄せしなければ倒伏し、大減収する。ヒョロ苗ならなおさらだろう。植えるのを諦めかけていた峠田さん、はたと閃いた。

「ヒョロ苗を、浅く、寝かせて植えたら、倒れないんじゃなかろうか?」

倒伏なし、莢の腐れなしで増収!?

定植予定日より一三日遅れた七月八日、双葉の次に出てくる初生葉の下の辺りまで土に埋まるようヒョロ苗を寝かせて植えた。すると、翌日には葉が上向きに立ち上がった。その後は、ガッチリ苗以上に節間が短く、草丈が低く育ち、生育は順調だった。草丈が低いおかげで、土寄せを一度もやらなくとも、倒伏は皆無だった。

そして迎えた収穫。各節にはびっしりと莢が付いていて、着莢数はガッチリ苗と同程度。莢は実入りがよく、しいなも少ない。さらに、いつもなら下に付く莢がなぜか腐りがちだったのだが、寝かせ植えだとそれもない。大増収、とまではいかないが、倒伏による減収も、莢が腐るロスもなかった。

以来、峠田さんはエダマメのヒョロ苗が怖くなくなった。六年前に直売所で苗を売り始めてからも、ガッチリ苗ができたときは苗で売ればいいし、ヒョロ苗になったら自分で寝かせ植えして青果で売ればいいからだ。

それにしても峠田さん、自分が転んだおかげで、土寄せなしでも転ばない丹波黒のつくり方を発見したというのだから、これぞ「怪我の功名」である。

土寄せ効果もある

五月一日、寝かせ植え一週間後のエダマメのヒョロ苗があると聞いたので、峠田さんのお宅にお邪魔した。

プランターに植えられたヒョロ苗は、地上部の本葉は天に向かってピンと立っている。地下部の様子はどうなっているのか？　ちょっと掘って断面を出してみると……わずかだが、胚軸から白い根が出始めている。

「丹波黒に土寄せするんは、倒伏防止のほかに、新根を出す狙いもある。一枚目の本葉の下まで土寄せして発生した根が、実を肥大させるともいわれてるんよ。ヒョロ苗を寝かせ植えすると、土寄せと同じ効果があるんじゃろうね」

現代農業二〇一七年七月号

★一二〇ページから、ヒョロ苗の寝かせ植えのエダマメがどのように生育したか、写真で追ってみました。

ヒョロ苗を寝かせ植えした1週間後。見えにくいが、胚軸から新根が伸び始めている

直売所名人が教える多収術

三人の直売所名人の多収術を大公開。

断根・摘心の初生葉も植えて一株増収

島根県浜田市●峠田《たおだ》 等さん

収穫したエダマメを持つ峠田さん。2本の主枝には莢がびっしり。断根・摘心していない株の莢の重量は1株360gだったが、こちらは430gと収量アップ

子葉が展開し、初生葉が出たエダマメ苗。品種は丹波黒

根と初生葉を切り離した子葉を、55穴セルトレイに挿し木して3週間ほど育苗する

挿し木した子葉からは2本のわき芽がニョキッと伸びてくる。これが2本の太い主枝になる

左は初生葉から育てた株、右が断根・摘心して育てた株。莢をとってみた。両方合わせると莢の重量は650g！
（依田賢吾撮影、以下Yも）

ヒョロ苗は寝かせ植えで収量1.5倍

島根県浜田市●峠田《たおだ》 等さん

定植適期を過ぎてヒョロ～と徒長してしまった苗

竹の板で土に隙間をつくり、そこに苗を差しこんで寝かせ植え。子葉が埋まらない程度に土をかぶせる。翌日には主枝が起き上がる

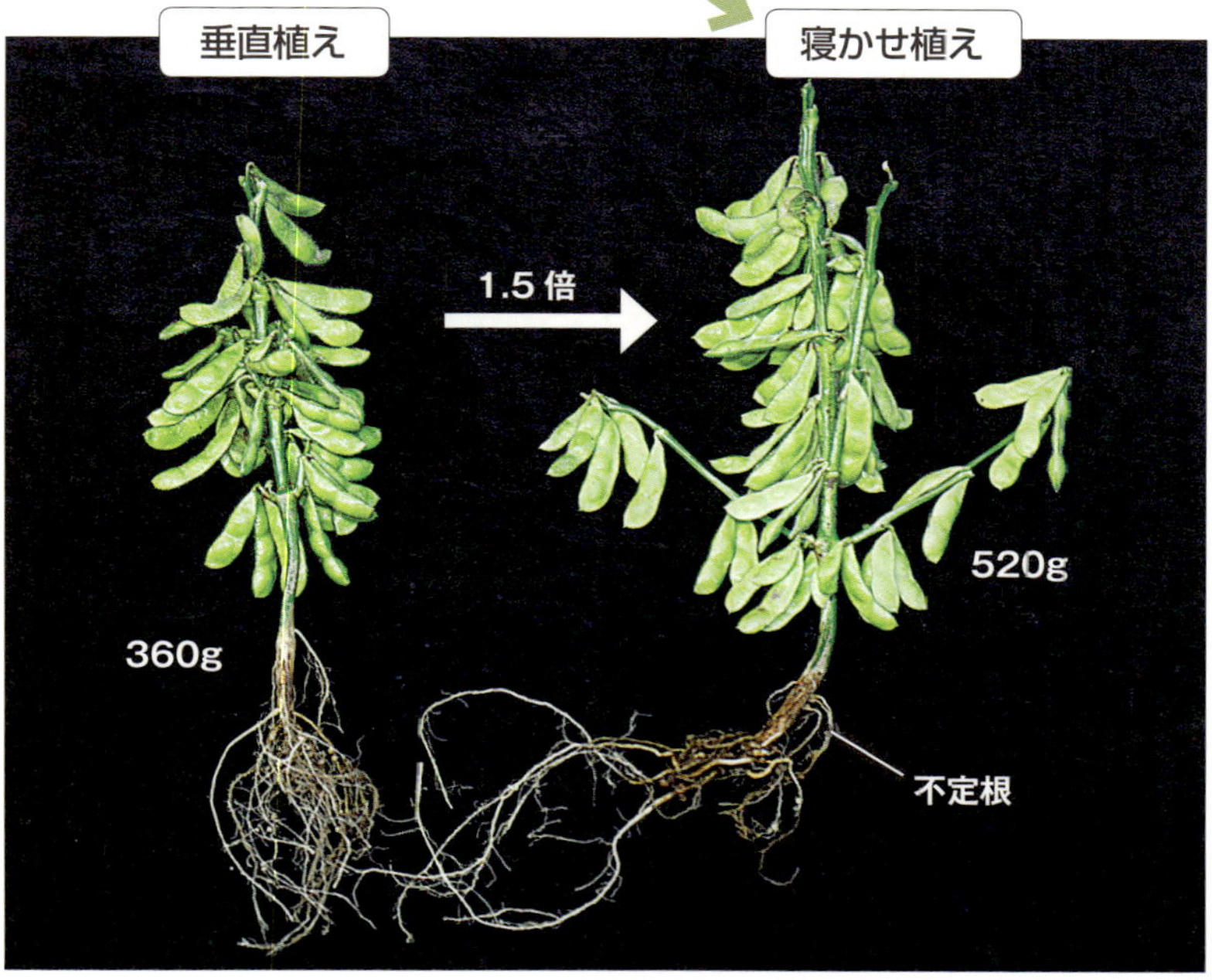

従来の垂直植え（左）と寝かせ植えの株。寝かせ植えをすると、不定根が出て根量が増える。莢重量は寝かせ植えが1.5倍（赤松富仁撮影）

本葉5～7枚で摘心 太い側枝で莢数2倍

秋田県仙北市●草薙洋子さん

頂芽を手でつまんで取り除く（Y）

本葉5枚の頃のエダマメの株。品種はあきたほのか（中晩生）。この時期の頂芽を手でちょこちょこっと摘むだけで摘心完了（Y）

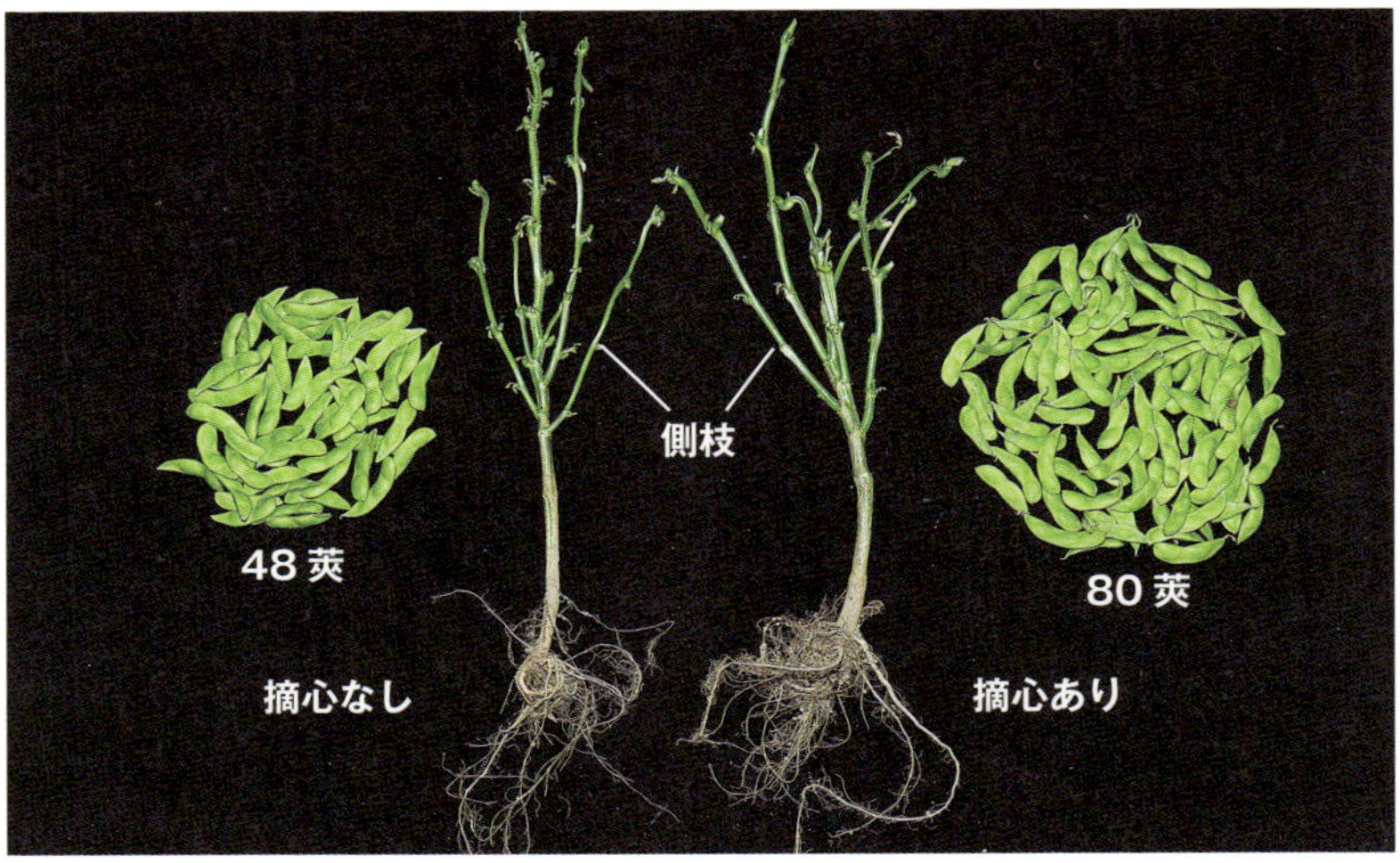

摘心していない株（左）とした株。摘心した株のほうが側枝がよく太る。莢数は約2倍の80莢収穫できた（Y）

芽を摘むだけで増収するので、これからもずーっと続けます

収穫したエダマメを持つ草薙さん（Y）

エダマメで

土中緑化・断根・摘心栽培をやってみた

断根・摘心したので2本立ちになった苗。ふつうのエダマメ苗の姿とは、ずいぶんちがう

『チッソ控えめ』が収量が上がらない原因

エダマメ・ダイズといえば、根につく根粒菌がチッソ固定をするので、「チッソは控えめに」が定説。元肥チッソを多く入れるとつるぼけして、実がならなくなるからだ。しかし、イネの不耕起栽培で有名な故・岩澤信夫さんは、「エダマメやダイズが低収（ダイズの全国平均反収は約一八〇kg）なのは、根粒菌にとらわれているから」と疑問を投げかける。

そこで二〇一〇年七月号で提唱したのが、土中緑化・断根・摘心栽培だ。

まず、土中緑化とは発芽の途中で朝からまる一日太陽の光を当て、日が沈む夕方にまた軽く覆土しておいて発芽させる方法。その後、子葉が覆土から顔を出すときには、すでに葉緑素をもった緑色の健康優良児の状態で、徒長せず、発芽ぞろいもバッチリな苗ができる。

ダイズで反当七二〇kg!?

さらに、子葉が開いて、次の葉（初生葉）が芽を出したころに、大胆にも上（芽）と下（根）をちょん切ってしまうのが、断根・摘心だ。

「種子根を切断すればつるぼけは起きない」と岩澤さん。根が切られ、発根を促進するホルモンの分泌が盛んになり、胚軸から勢いのよい根（不定根）が生えてくる。この根は種子根と比べて根粒菌がつきにくいのも特徴だ。こうして根粒菌に頼らず、エダマメやダイズが必要なときに必要な量のチッソを施すことで、大幅に反収を上げることができるという（ちなみに、岩澤さんはダイズで反収七二〇kgとっていたとか）。

さらに、上（頂芽）も摘心しているので、子葉の脇から芽（わき芽）が二つ伸びてくる。通常、エダマメやダイズで増収をねらう摘心は4～5葉期とされるから、とびきり早い摘心だ。こうすると、切った軸の脇から太い2本の枝がVの字に生育する。野菜の二本仕立てのようなもので、その分、莢数も増えて増収するというわけだ。

岩澤信夫さん（故人）。イネの不耕起栽培や冬期湛水など、作物の生命力をとことん引き出す栽培法を提唱（倉持正実撮影）

岩澤さんの記事を参考にして千葉県成田市の高安正己さんが育てた、土中緑化・断根・摘心栽培のエダマメ。莢のボリュームがすごい

土中緑化のやり方

播種したマメに不織布を被せ、
その上に覆土

土中緑化させたダイズ。緑色の子葉が顔を出した

大面積でやる人は、セルトレイに播種後、覆土を被せずにイネの育苗器で発芽させてから太陽に当てるのもよい（山形県鶴岡市・佐藤惠一さん）

①イネの育苗箱に床土を入れ、その上にエダマメの種子を播き、たっぷりかん水
②マメ（種子）の上に不織布などを被せてから、その上に3㎝以上分厚く覆土し、たっぷりかん水
③発根して育苗箱の底から根が見えたら、覆土と不織布を取り除いてたっぷりかん水し、光を当てる（好天なら丸１日、曇天なら翌日も）
④太陽光に当てたら、夕方にマメが隠れる程度に覆土
⑤緑色の子葉が覆土から顔を出す

断根、摘心のやり方

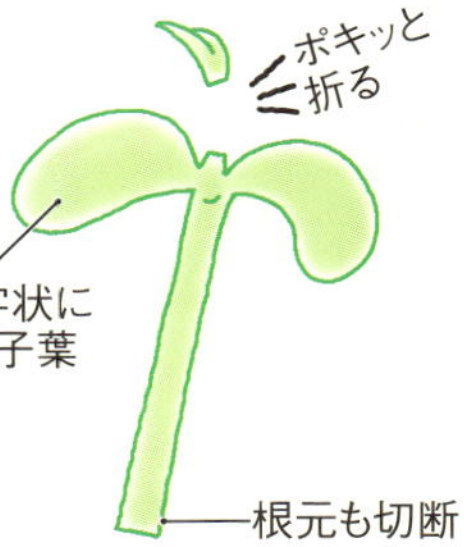

長野県高山村、園原久仁彦さんの土中緑化・断根・摘心苗。すでに発根が始まり、子葉の脇から2つの芽が伸び出している

①子葉が伸び出し、八の字に開いたら、根元で切断したうえ、生長点を取り除く
②セルトレイやポットに挿す
③挿し木された苗が発根し、胚軸から不定根が伸びる。子葉の付け根から芽が２つ伸びる。芽が子葉よりも大きくなり、伸び出してきたら移植する

マメ類

検証① 断根挿し木でホントに根が生えるのか？

購入苗で断根挿し木をしてみた。土中緑化していないし、こんなに生育してしまった苗が断根されても根が生えるのだろうか？

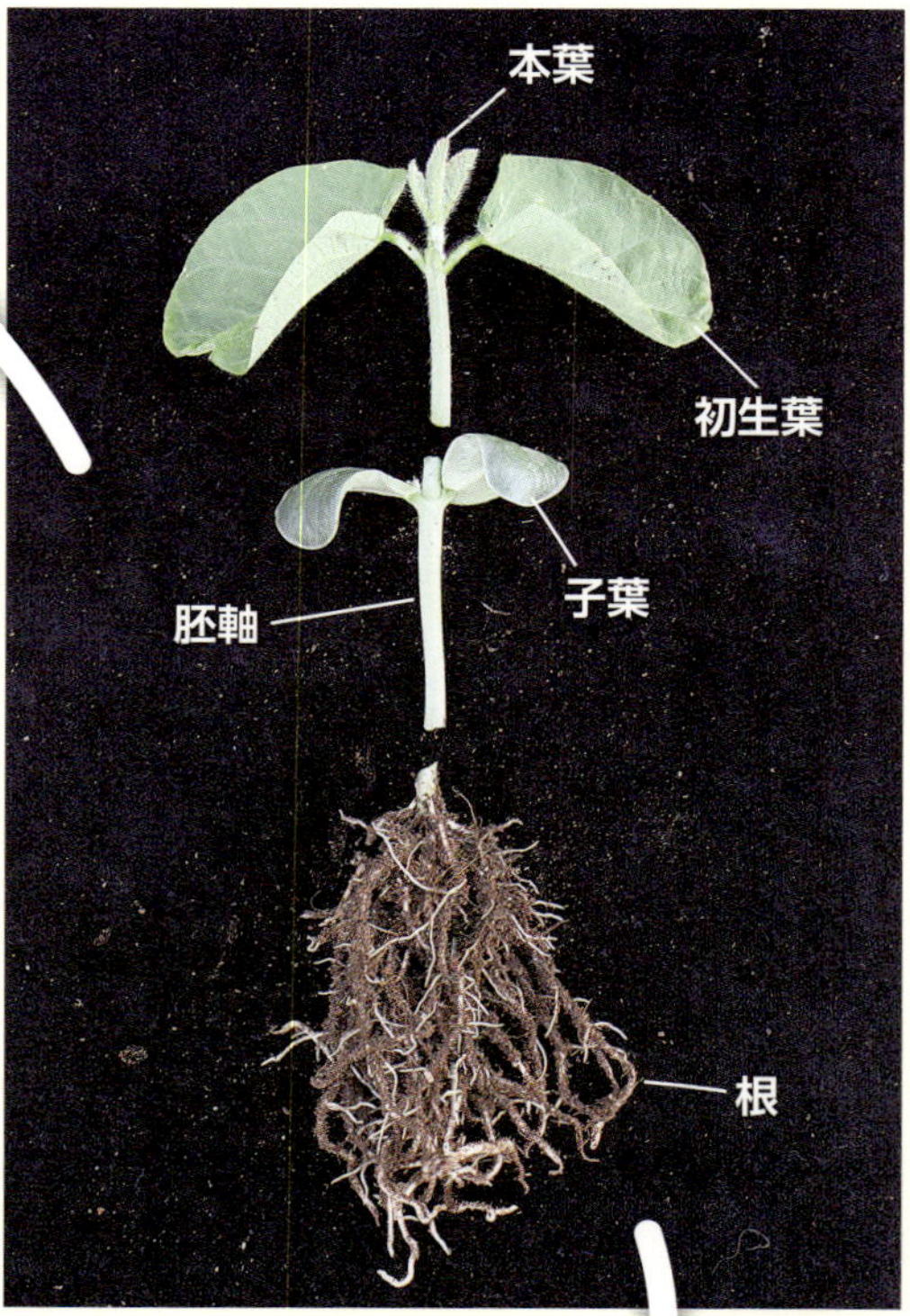

根張りのよい、いい苗だ

購入苗。すでに定植適期だが……

育苗培土に断根・摘心した苗を挿してみた

２週間後

初生葉挿しからもちゃんと根が出て、芽が伸びた（摘心していなかったので、芽は１本）

イタズラついでに初生葉も挿したら、根付いたみたい（8日後のようす）

＊4月下旬の気温が低く乾燥した時期だったので、ビニールを被せて湿度を保ちつつ、日陰で管理

２週間後

子葉のわき芽から2本の芽（本葉）が伸びてきた。もっと早い段階で断根・摘心していたら、（子葉の養分が消費されていないので）もっと発根力のある苗になっていたはず

検証② 摘心の効果はホントにあるのか？

子葉の上で摘心した苗（土中緑化、断根はしていない）と、摘心していない苗をプランターで育てて、莢の数を調べてみた

摘心すると主枝が2倍、莢数も2倍！
とはいかなかったが、1.5倍になった

現代農業2017年7月号

タネが腐りやすいソラマメ・エンドウのまき方

島根県浜田市●峠田《たおだ》　等

6㎝ポットでズラリと発芽したソラマメ。品種は「西陵一寸」。苗は150円で販売する。タネが高いのでまくのは毎年200粒ほど

近年は十二月の徒長が課題

　毎年最後のタネまきはソラマメとエンドウである。これらも苗を販売する。播種に失敗する人が多い品目なので、直売所でも苗は人気がある。出荷時期をずらすために一回目を十一月上旬に、二回目を中旬にまくようにしている。

　二〇一七年九月号でも書いたように近年の気象異変で各作物がつくりにくくなっている。私も新聞やテレビの一カ月予報、三カ月予報、週間予報、二四時間予報、ピンポイント予報などを参考にしながら作業計画、播種計画を企てている。しかし、昔のように春になれば順調に気温が上がり、秋になれば順調に気温が下がるというのは、ほとんどなくなったような気がする。

　二〇一五年、二〇一六年のように十月の気温が平年より大きく下がって、十一～十二月が高くなると、ソラマメやエンドウを播種しても発芽や初期生育が遅れて予定どおりに苗の出荷ができなくなる。

　昨年の初回の苗出荷は十二月初旬。若苗（小さめ）から出荷するが、その後気温が上がって急に生育がよくなり、年末には徒長して売りにくい苗になった。例年は翌年一月になっても出荷していたが、その頃には出荷できるような苗はなく、相当数の苗を処分することになってしまった。

　私が出荷する直売所では、年末の売り出しが始まる十二月二十六日から、正月休みが明ける一月五日までは苗の出荷ができない。この一〇日間にも苗は大きくなるので一月の出荷期間は長くない。今年は二回目の播種を一週間くらい遅らせてみるつもりだ。

ソラマメは六㎝ポットに浅くまく

　ソラマメのタネは一粒三〇円くらいするので、発芽の失敗、苗の徒長で出

ソラマメのまき方

オハグロを下に向けて挿す。ヘソをやや上向きに、尻が4分の1くらい地上部に出る

荷できなくなると儲からない。私も過去何回失敗したかわからない。

ソラマメの播種で失敗するのはポットの大きさである。出荷はほとんどが九cmポットだが、これに直接まくと失敗しやすい。もう一つ、タネを深くまくのも原因である。

小さいポットで
発芽させた方が
タネのロスが
少なくてすむんよ

筆者（依田賢吾撮影）

セルトレイでほぼ100％発芽したエンドウ。スナップエンドウやグリーンピースのほうが苗がよく売れるので、サヤエンドウはまかない。全部で毎年0.5ℓ分くらい

そこで私は六cmのポットか五〇～五五穴のセルトレイに浅くまく。一粒ずつオハグロを下に向けて挿し込むが、この時、ソラマメの尻が四分の一くらい見える深さにする。マメはタテにまっすぐか、ややヘソ部分が上向きになるようにするといい。

セルトレイから同じくらいの大きさのものを選んで9cmポットに2本植え。1ポット150円で販売する

まいた後は水を十分にかけて日当たりのよい軒下などに置く。発芽するまで乾かないように水をかける。

九cmポットと六cmポットの違いは、保水力である。九cmポットは一回水をかけると培土が多いぶん乾きにくい。そこへ毎日水をかけるからマメ（タネ）が腐って失敗する。六cmポットだとかけた水が乾きやすく、マメは適度な湿り具合になる。

本葉が一～二枚出たら九cmポットに植え替える。九cmポットの底に一～二cmの培土を入れておくと、苗を移したときにちょうどいい高さになる。ポットの縁まで培土を入れてプルプル振り、トントンと表面をならしたら完了である。

エンドウはセルトレイに一粒まき

エンドウもタネまきで失敗するのは九cmポットである。ソラマメ苗は九cmポットに一本植えで出荷するが、エンドウ苗は二～三本植えで出荷する。「ならば」とはじめから九cmポットに二～三粒まくと、やはり水加減でマメが腐ってしまう。うまく生えても一ポットのなかに二～三本揃った苗にはなかなかならない。

そこで、二〇一七年七月号で紹介したエダマメ同様に、エンドウをセルトレイ（「プラグポット」一四四穴）に一粒ずつまくことにした。穴が小さいので一日一回を目安にこまめに水をかけなくてはいけないが、この方法なら一〇〇％近く発芽する。

苗が二〜三cmに伸びたころに九cmポットに植え替える。ポットの底に一〜二cm培土を入れてから、根を傷めないよう箸でセルトレイから一本ずつ丁寧に抜いて、二本植えにしている。この時、長さを揃えて移植しておくと、出荷するときに見栄えがよくロス（売れ残り）が少ない。

早まき、早植えに注意

自分は苗出荷が主体だが、畑に植える場合は、ソラマメは本葉が三〜四枚になったら定植する。マメ類のなかでは多肥とされるので、土づくりをした肥えた畑に植えるようにしている。定植時に本葉四枚で摘心すると、側枝が四〜五本出て多収できる。ただし倒れないような工夫が必要になる。開花始めの頃に追肥をして、最上位開花節の上一〜二節残して上部を刈り取って芯止めすると一粒莢が減る。

ただし、ソラマメは収穫適期が短くロスが多いので、直売所にマメを出荷しようとすると難しい品目だと思う。苗のほうが効率よく売れて稼ぎになる。

エンドウは支柱を垂直にしないとうまく登ってくれない。私は枝のついた竹支柱が一番よいと思い愛用している。

ソラマメもエンドウも幼いうちは寒さに強いが、生育が進み、花がつくころになると寒さに弱くなる。早まき、早植えすると年内に大きくなりすぎて冬の寒波にやられるので、注意が必要だ。

現代農業二〇一七年十二月

マメ類は特に肥料に弱い！

ソラマメのタネ。右は一晩水に浸けたもの
（赤松富仁撮影）

サトちゃんこと福島県北塩原村の佐藤次幸さんは、大きいタネほど播種する土の肥料に影響されやすいとみている。作物によってどれくらい違いがあるのだろう。

農業技術大系作物編によると、下の試験データのようにダイズはとくに発芽時の肥料による濃度障害に弱いようだ。マメ類が肥料濃度に弱い理由は、吸水力がものすごく強く、いったん水を吸うと体積が４倍くらいになるので、このとき肥料も一緒に吸い込んでしまうことで、トラブルが起きやすいというものだ。写真はソラマメを一晩水に浸けたものだが、たしかに大きくなる。マメ類はとくに肥料濃度に気をつけたほうがよさそうだ。

現代農業 2010年３月号

施肥量の増加による発芽阻害
（農事試畑土肥研、1965）

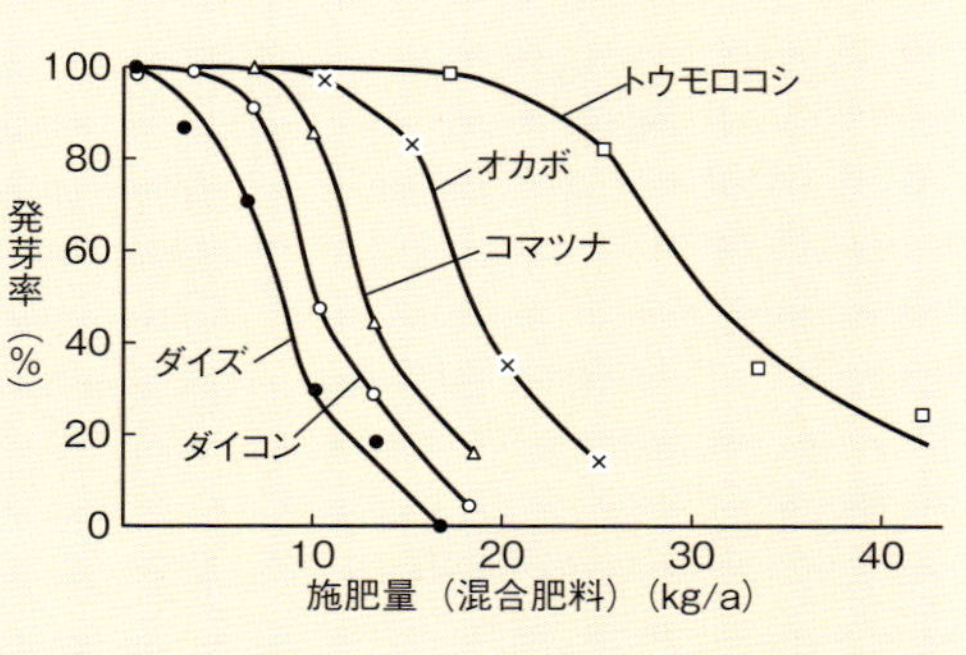

ついに発見!

エダマメには鹿沼土のフワッと覆土

神奈川県相模原市●長田 操さん

左はフワッと覆土、右は覆土後にかん水した。品種はたんくろう（丸種）で、5月26日に各ポット20粒ずつ播種、播種後はかん水せずに発芽を待ち、6月1日に撮影。左はほぼすべて発芽したのに対し、右は半分しか発芽せず、発芽した苗も徒長ぎみ

エダマメは品種によって発芽率が大きく違います。発芽をよくしたいと、いろいろと試行錯誤を重ね、バットの上に敷いた鹿沼土に播種して、バーミキュライトで覆土するという方法も編み出しました（DVD『直売所名人が教える野菜づくりのコツと裏ワザ』第2巻でご覧になれます）。

その後も研究を続け、現在は、鹿沼土（細粒）を使った次のような育苗方法がベストと考えています。

容器はスリット入りのポット（一五㎝）を使います。最初にスリットの高さまで、市販培土を入れます。これでスリットから鹿沼土が流れ出るのを防ぎます。次に、底土の鹿沼土を入れ、水をたっぷりかけ、播種します。最後に、あらかじめ水に浸しておいた鹿沼土で覆土します。この時、ギュッとおさえつけず、スプーンなどでフワッと軽く載せるだけ、これがポイントです。肥料は不要です。播種から二〜三週間で定植します。

エダマメは、発芽時に酸素を必要とするとされています。過湿でタネが腐ることもあります。鹿沼土を使うことで、ちょうどいい隙間が土の中にできます。また、覆土後にかん水すると隙間が詰まってしまいますが、フワッと覆土なら詰まりません。酸素がよく供給されるので、発芽率もよくなるのではないかと考えています。（談）

現代農業二〇一七年三月号

※長田さんは現在、一穴に五粒播種する「マルチ直接播種苗床方式」を採用。面倒なトレー管理や培土調整が不要となり、播種時一回限りの散水でもバッチリ発芽して、生育もよく揃うとのこと。詳しくは長田さんのホームページ枝豆覧(http://oishi-yasai.com/category/63)をご覧下さい。

第3章

苗で稼ぐ

ハウスなし、トラクターなしの
経営をしている峠《たお》田《だ》等さん。
第3章では、直売所で売れる苗について、
いろいろなヒント・アイデアを
教えていただきます。

峠《たお》田《だ》等さん
（依田賢吾撮影、以下Yも）

果菜類の苗を直売所へ出荷

裏ワザ教えます

島根県浜田市●峠田《たおだ》 等さん

峠田 等さん（74歳）の、直売所での売り上げの3分の1以上を占めるのが、野菜苗だ。2017年は29品目の苗を約1万4800ポット販売し、計約120万円も稼いだ。そんな峠田さんに直売所で売れる苗づくりのポイントを教えてもらった。

遅出し・ズラシで植え替え需要を狙え 峠

店には4月上旬から業者の苗が並ぶが、この時期はまだ寒く畑に植えても寒さで枯れたり、生育不良になったりしてうまく育たない。そこで峠田さんは、5月以降に植え替え用の苗を買いに来るお客さんを狙って遅出しする

売り上げNo.1！
キュウリ苗

5月中旬から店頭に並ぶ峠田さんのキュウリ苗。胚軸は太く節間が狭い理想的な姿。毎年8月初旬までに1000個以上売る（Y）

5月、植え替え用の苗を買いに来ても、店には4月に仕入れた老化苗ばかり……

ず〜っと売れるリーフレタス苗

4月中旬の峠田家の庭先。出荷直前のものから発芽したてのものまで、あらゆるステージのリーフレタス苗が並ぶ。リーフレタスは少量ずつ何度も植え替えて長く楽しむお客さんが多いので、ズラシ播きしてずっと売る。年間で2000個以上売れる

直売所で売れる苗づくり　コツと

腐葉土に優る培土なし　峠

播種床の土もポット用の培土も、すべて自家製。峠田さん曰く「苗づくり　土できなくて　苗できず」。こだわりは腐葉土で、そのために毎年軽トラ４台分の落ち葉を集めている

細かい腐葉土と市販の育苗用培土「与作N150」を１：１で配合。どの品目も同じ

１年以上野積み、または踏み込み温床に使った落ち葉はあらかじめバーベキュー用の粗い網でふるう。その後、写真のような園芸用のふるいにかける。ふるい下の細かい腐葉土は播種床用に、粗いほうをポット用に使う

写真は材料と配合割合の目安。混ぜたら厚さ20㎝くらいでならし、水分30～40％になるよう加水。１～２日後、再度丁寧に混ぜ山積みにして発酵させる。最高で約60℃になるので、雑草のタネや病原菌もほとんど死滅する

鉢上げで細根を増やせ 峠

いきなり大きなポットに植えても、ポットの表面ばかりに根がまわってしまい、内部は空洞になる。最初は小さいトレイに播き、鉢上げをすることで細根がよく発達し、根張りのいい苗になる

出荷前のキュウリ苗の根を洗ってみた。真っ白な細根がビッシリ生えている（Y）

鉢上げ前のトマト苗。これ以上置くと、根が窮屈になり傷んでしまう

9cmポットに鉢上げ

軸がポットの中心にくるようにすべてのポットに培土を山盛りに入れる。最後にポットを1つずつ持ってプルプル振って、トントンと均せば完成

鉢上げ後は日当たりのいい軒先に並べ、たっぷりかん水する

峠田等さん（Y）

徒長苗は寝かせ植えすべし 峠

作業の遅れや苗同士の間隔が狭いと徒長してしまうことがある。特に6～8月は要注意。そんなときは、根鉢を横に寝かせて鉢上げ。深植えで不定根が増え、より頑丈な苗になる

大きさを揃えて陳列、これ鉄則 峠

出荷用に大きさごとに仕分けしたキュウリ苗。同じカゴに大きさの違う苗があると、大きいものから売れて小さいのが残ってしまう（Y）

（Y）

最後に峠田さんより一句

金儲け
　手間を惜しむな　時惜しめ 峠

現代農業2018年4月号

遅出し苗をお客さんが喜ぶ

野菜苗のずらし販売

島根県浜田市●峠田《たおだ》 等

多品目の野菜と、野菜や花の苗を直売所で販売している。苗は、二～三月を除き周年で出し続け、売り上げは一〇〇万円以上。経営の主力である。設備は踏み込み温床二つと玄関を含む家の周り（庭先）。当然、ハウス育苗のものよりも遅い時期に出荷となるが、苗はよく売れる。お客さんは、補植や植え替え用に買っていくのである。

早植えブームのおかげで補植苗が売れる

ここ浜田市では、まだ寒さの残る四月上旬にもかかわらず、ホームセンターや種苗店、JAに、キュウリ、ナス、ピーマン、トマト、オクラなど、多くの苗がドカーっと入荷する。ある時知人がホームセンターに行った際、「なぜこんなに早い時期に苗を売るのか？」と店員さんに聞いたところ、「お客さんに早く売ってほしいといわれるから」と答えたそうである。

このとき店頭に並ぶ苗は、電熱温床で発芽させ、加温ハウスで棚育苗したものがほとんど。中には、定植適期には程遠い若苗も混じっている。この時期は、最低気温が五度以下の日が再々ある。作物の特性のなかで、最低何度まで耐えるかは特に気をつけないといけない。夏野菜は一〇度以下になるとほとんどダメ。なかでもキュウリ、オクラは特に弱い。

買って帰って畑に植えてみたら、低温で枯れた、もしくは生育が悪い。お客さんは枯れたらまた買いにいくが、その頃には店頭に苗はない。あっても、四月上旬に仕入れた売れ残りの老化苗。そこに活き活きとした大きな苗が並んでいると、お客さんは喜んで買って帰り、補植したうえ、早植えして生育が悪い苗も引っこ抜いて植え替えるのである。

峠田さんの苗の販売時期

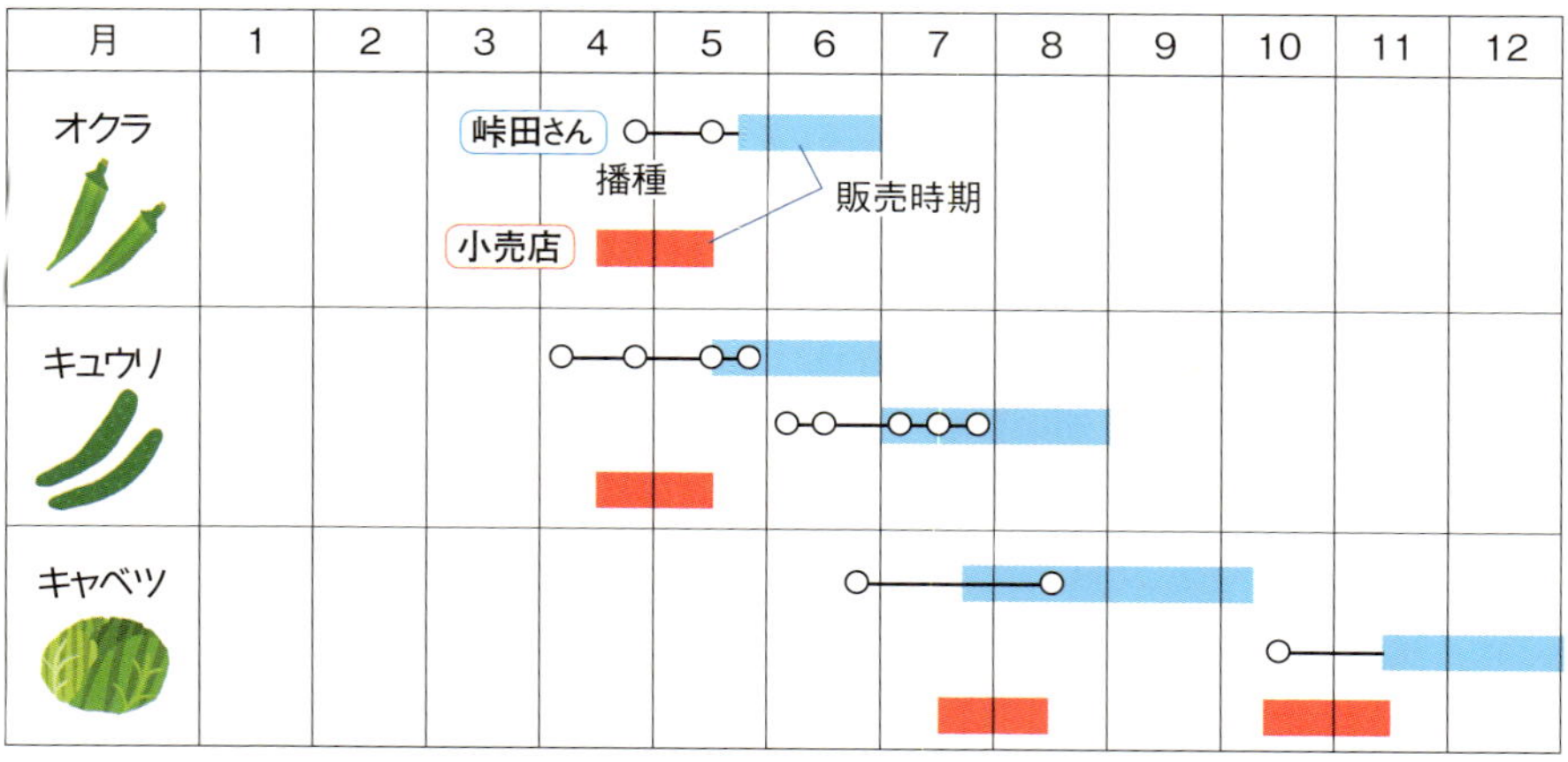

自分は、設備がないから同じ作物を一度に多く播けない。その代わり、タネや苗の特性を利用して、遅く長く出

し続けている。そのコツを紹介する。

オクラ

播種は一斉、生育ムラを利用して長く出す

オクラは発芽が揃わないことが多い。種皮が硬く、芽が出にくいからである。そのため、育苗中は生育ムラが出るのだが、苗として売るにはそれがかえって都合がよい。四月下旬と五月中旬に二回播くだけで長く出せるのである。

それぞれ五〇〇粒のタネを、一四四穴セルトレイに播き、本葉が大きくなったものから九cmポットに二本ずつ植える。初めからポットに二粒直播きするよりも生育の揃った二本仕立てになり、お客さんに喜んでもらえる。なお、ゴーヤーも種皮が硬いので、一斉播種で長く出せる。

キュウリ

こまめに播種して遅出し　枯れたキュウリの補植用に

近隣の種苗店、ホームセンターには四月初旬から果菜類の苗が並んでいる。お客さんは作物が育つ気温、地温を知ってか知らずか、我先に買って帰って畑に植える。ところがキュウリやオクラは特に低温に弱く、一〇℃以下になると枯死するか生育不良になる。

当地、島根県浜田市では五月になってからも最低気温が一〇℃以下になる日がある。昨年は、五月十七、十八日の最低気温が八℃台であった。私が住む平坦地でこの気温なので、中山間地では五℃以下になっていたと思う。

当地で果菜類、ウリ類が安心して露地に定植できるのは五月下旬以降と思われる。これより早く植えたお客さんは低温、霜でやられて植え直しをする。ところが、ホームセンター等には老化苗はあっても適期苗はない。私はその頃から直売所三店舗にキュウリ苗を出し始める。

ずらし育苗で八月下旬まで苗を売る

わが家の育苗は、一・二×五mの踏み込み温床が二基あるだけで、あとは庭先でやっている。

キュウリは昨年は、四月中旬～五月下旬までは「鈴成四葉《すずなりすうよう》」（タキイ）を播き、五月下旬～七月下旬は地這いキュウリ三品種をそれぞれの適性を見てずらして播いた。七～一〇日おきに七二穴セルトレイに二、三枚分ずつ播く。このずらし育苗で五月下旬～八月下旬のあいだ、定植適期苗を出荷できるようにしている。

徒長苗は鉢上げでずんぐり苗に

六月以降は高温、多湿になり、ポット上げが三～五日遅れるとすぐに胚軸が徒長する。これをそのままポットに植えると、苗の見栄えが悪くてなかなか売れない。そこでひと工夫。セル苗の根鉢を九cmポットの底に寝かせて培土を入れる。伸びた胚軸がポットに埋まり、見た目はさながらガッチリ苗。さらに胚軸の埋めた部分からも発根するので根量が増え、理想に近いずんぐり苗になる。

キャベツ、ブロッコリー

スーパーセル苗を鉢上げ

種皮が軟らかく発芽揃いのよい野菜でも、一斉播種で長く出せるものがある。それが、キャベツ、ブロッコリーだ。

セル苗を、通常の育苗（二五～三〇

日程度）の二倍以上の期間、追肥をせず水のみで育てる。葉が赤紫色になった超老化苗（スーパーセル苗）にするのである。

この苗は、真夏の暑い時期に定植してもめったに枯れることはない。苗が赤紫のあいだは害虫も寄り付かないので管理もラク。ところがこの見た目では、そのまま出してもお客さんはまず買わない。そこで七・五cmポットに鉢上げして一五～二〇日置くと、新葉が展開して活き活きとした姿になる。買ったお客さんからも、「植えてから活着がよい」とか、「よいものができた」といってもらえる。

すべてをスーパーセル苗にするわけではないが、常備しておくと、苗を切らす心配がない。

売れなかったタマネギ苗は一～二月に植える

いくら遅く、長く出すのがいいといっても、晩生タマネギ苗（地床育苗）だけはこれが通用しない。お客さんがタマネギを欲しがるのは十一月上旬～中旬。それ以降に苗が大きくなったからといっても、ちっとも売れないのである。

ところが一～二月に抜いて定植すると、十一月に植えたものよりも一〇日ほど早く収穫できるのである。私はこの余り苗を、年末に出荷する葉ボタンの収穫跡に定植し、六月中旬から収穫する。

現代農業二〇一六年九月号
キュウリは二〇一七年七月号

リーフレタスは苗で稼ぐ

島根県浜田市●峠田《たおだ》 等

レタス苗は結球よりリーフ

野菜の苗のなかで、春から初夏にかけてと初秋から初冬にかけて、長期間にわたってコンスタントに売れるのがリーフレタスである。

食べて美味しいのは結球レタスだが、育苗して苗を売る側からすると、露地で栽培できる結球レタスの播種適期は夏場の高温期になるのでつくりにくい。また苗を買ってつくる側からしても、時期を問わずに育つリーフレタスのほうがつくりやすい。

結球レタス苗の場合、お客さんは小さく弱そうに見える定植適期の若苗は買ってくれず、少し老化した大苗を買うことが多い。このような苗を買って植えても、市販されているような結球レタスになる方は少ないのではないかと思う。お客さんもよくわかっているのか、結果的につくりやすいリーフレタスの苗がよく売れる。

外葉から一枚ずつかいて利用できるリーフレタスは、家庭菜園にはもってこいの野菜である。

葉肉が厚い品種は苗が傷みにくい

非結球の葉レタスといえば、サニーレタスが代表であるが、葉肉が薄く軟らかいので育苗中も出荷したあとも葉傷みしやすい。生育が早く、葉も大きいので、特に気温が高くなる春作の後半の苗は売りにくい。

そこで自分がつくっているのはリーフレタス。葉肉が厚く硬めで生育も緩やかな「マザーレッド」「マザーグリーン」（タキイ）の二品種である。葉の傷みが少なく、六月頃まで苗が出荷できる。定植後は五月から七月まで葉かき収穫できるので、お客さんにも喜ばれている。春二回、秋二回少本数ずつ買って上手に利用される方もおられる。

また、なぜかお客さんはグリーンをよく買われる。グリーンとレッドを五：五で出荷すると残るのはレッドである。これからはグリーン七：レッド三か六：四くらいでつくるとロスが少ないと思う。

春作だけで一〇万円以上売れた

春作は二月中旬、セルトレイ（「プラグポット」一四四穴）に播種して、南向きの日当たりのよいところ（犬走りなど）に並べておく。温床やトンネルなどの保温は一切しないので時間はかかるが、一〇～一五日で発芽を始める。三月下旬に七・五cmのポットに上げて四月中旬から苗を出荷する。

四～五年前、二月の低温期に播いて発芽して生育するか自信がなかったが、生えなくてもいいと思って播いてみると発芽して生育した。温床・トンネルなしの露地育苗でも春一番に苗が出荷できた。

以降、毎年二月中旬から四月下旬まで三～四回ずらし播きして六月初旬まで苗出荷をしている。これ以降は高温期で育ちにくいので九月までは苗をつくらない。今年の春はリーフレタス苗だけで一五〇〇本以上売れた。一本七〇円なのでこれだけで一〇万円以上の売り上げとなった。

秋作は九月上旬から三回くらいずらし播きして十月下旬まで苗出荷する。品種は春作と同じ二品種である。

コート種子を一粒播き

バラ種子（裸種子）を播種するときは、水稲育苗箱などにばら播きし、発芽後にセルトレイに移植。ある程度まで育てたあと、七・五cmポットに上げるため手間がかかる。

コート種子は高くつくが、バラ種子よりも大きく一粒ずつ手播きできる。一〇〇％発芽し、ポット上げも一回ですむので効率がよい。セルトレイ専用に一発穴あけ器（次ページ写真）を作ったので、同じ深さの穴をあけることも簡単にできるようになった。

セルトレイから七・五cmポットに上げるのは、低温期なら播種後三〇日くらい。適温期は一五～二〇日で植え替える。

播種は時期をずらすが、同じときに

リーフレタスの苗を持つ筆者（赤松富仁撮影）

直売所ではなるべく同じ大きさの苗を陳列

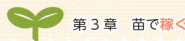

左から4月上旬播き、3月下旬播き、2月上旬播きのリーフレタス（2017年4月23日撮影）

自作の一発穴あけ器（右）。セルトレイにかぶせるだけで同じ深さの穴が一発であけられる

2月播種の苗でも根張りはバッチリ

播いた苗でも生育に差が出るので、大苗になったものから順に売る。小さい苗でも五～七日遅らせると立派な苗に変身する。すべての苗を売ることで、種子、培土、手間のロスを少なくしている。

陳列は大きな苗を前に

自分はAコープ三隅店、周布店、黒川店（本店）の三店へ出荷するので、店舗ごとに大きさを揃えて出荷している。同じトレイに大・中・小の差があると、お客さんにあれもこれもと手をかけられて苗が傷む。出荷した苗が廃棄にならないようにする工夫である。

売り場が棚方式になっている店舗には前面に大きめの苗、奥になるほど小さめのものを並べておくと、お客さんは前面の大きな苗から買っていくので苗の傷みが少ない。

店舗の棚に三日くらい置くと日光に当たらず、苗質が悪くなるので新しいものと入れ替えるようにしている。

育ててから売るよりずっといい

リーフレタス苗がよく売れるのは、畑がなくてもベランダや玄関まわりで、プランター等で育てられるので、本数は少なくても買われるお客さんが多いからだと思う。一本七〇円という値段も買いやすいのだろう。

畑にリーフレタスを定植して育て、一個一〇〇～一五〇円で出荷しても、売れ残りが多く見られる。一個買っても少人数の家族では使い切れないからではないか。また、畑で育っている株を見ると鮮やかなグリーン、レッドに見えるが、出荷するときは防曇《ぼうどん》袋に入れるので、見栄えも悪くなるような気がする。

苗の売れ残りが出たら、わが家の家庭菜園に植えたり、知人に分けている。リーフレタスはとり遅れて抽苔を始めると苦味が出るので、若いうちに株切りすると美味しく食べられる。

現代農業二〇一七年十一月号

サトイモ、サツマイモは苗で稼ぐ

島根県浜田市●峠田《たおだ》 等

サトイモは品薄になる四月まで掘らない

わが家では毎年、サトイモ二〇〇株、タケノコイモ五〇株ほどを植えている。秋から冬にかけて掘るのは、十一月に開催される「みすみフェスティバル」に出品する十数株だけ。当地ではサトイモのウネに厩肥かモミガラを被せておく程度で越冬貯蔵できるので、品薄になる翌年の四月中旬に全株掘り上げて、親イモ、子イモ、孫イモに選別する。

直売所で食用に売るのは、きれいに洗った親イモと、泥付きの子イモがほとんどだ。子イモは食用にも種イモにもできるので、泥付きのほうが喜ばれる。食べるのにおいしいのは孫イモであるが、種イモによいのも孫イモなのである。おいしいからといって、大きい孫イモを食べて小さい孫イモばかりを植えていたら良作は期待できない。

サトイモのポット苗。培土には畑の土を使う。栽培品種は山口県在来の赤芽イモが多く、大野イモも少量つくる

筆者のサトイモ。子イモ、孫イモ、ひ孫イモが30個以上ついている

苗で売れば、一つのイモが一五〇円に

わが家では、サトイモは育苗して苗に仕立てたものを薄底植え（深植え）している。これは本誌に載っていたやり方で（二〇一二年四月号）、その人は一株から子イモ、孫イモ、ひ孫イモで一貫目（三・七五kg）とれたと書いていた。わが家では、二年前、一番よくできた株で三・七kgあった。イモは四〇個ついていたので、もう一個あれば一貫目になるところだった。苗に仕立てたサトイモからは、かなりの収量が期待できるのだ。

苗には、孫イモと子イモを使う。孫イモは、大きい順に二〇〇～二五〇個くらいを、一二cmポットに植える。これはほとんど自分の畑に植える。孫イモの残りと子イモの中以下は、一〇・五cmポットに植え、苗で売る。同じく直売所で売るにも、青果では、六～七個（五〇〇g）入り二〇〇～三〇〇円だが、ポット苗だと一つのイモが一五〇円で売れるので、はるかに有利である。毎年五〇〇ポットほど販売し、中には三〇～六〇ポット予約される方もいる。特に大寒波が来た年はよく売れる。

昨年のサトイモの売り上げは、青果が一〇万円であるのに対し、苗は七万五〇〇〇円ほどとなった。

サツマイモは秋に掘り、発泡スチロール箱で保存

サツマイモは安納イモ系を三品種と、べにはるかをつくっている。サトイモと違い寒さに弱いので、種イモの貯蔵には気を遣う。各品種とも、十月下旬～十一月上旬に収穫し、コンテナごと車庫に一カ月ほど置いて乾燥させる。十二月上旬、その中から丸くて大きいもの（売りにくいもの）を各品種ごとに二〇～三〇個選別。フタ付きの発泡スチロール箱に詰めたモミガラの中で貯蔵している。玄関横の部屋にショウガ種と一緒に置いている。室温が一一～一二℃以下になる時は、セラミックヒーターで暖房。寒波がくるような日は「強」で二四時間つけっぱなしである。

筆者のサツマイモ採苗法

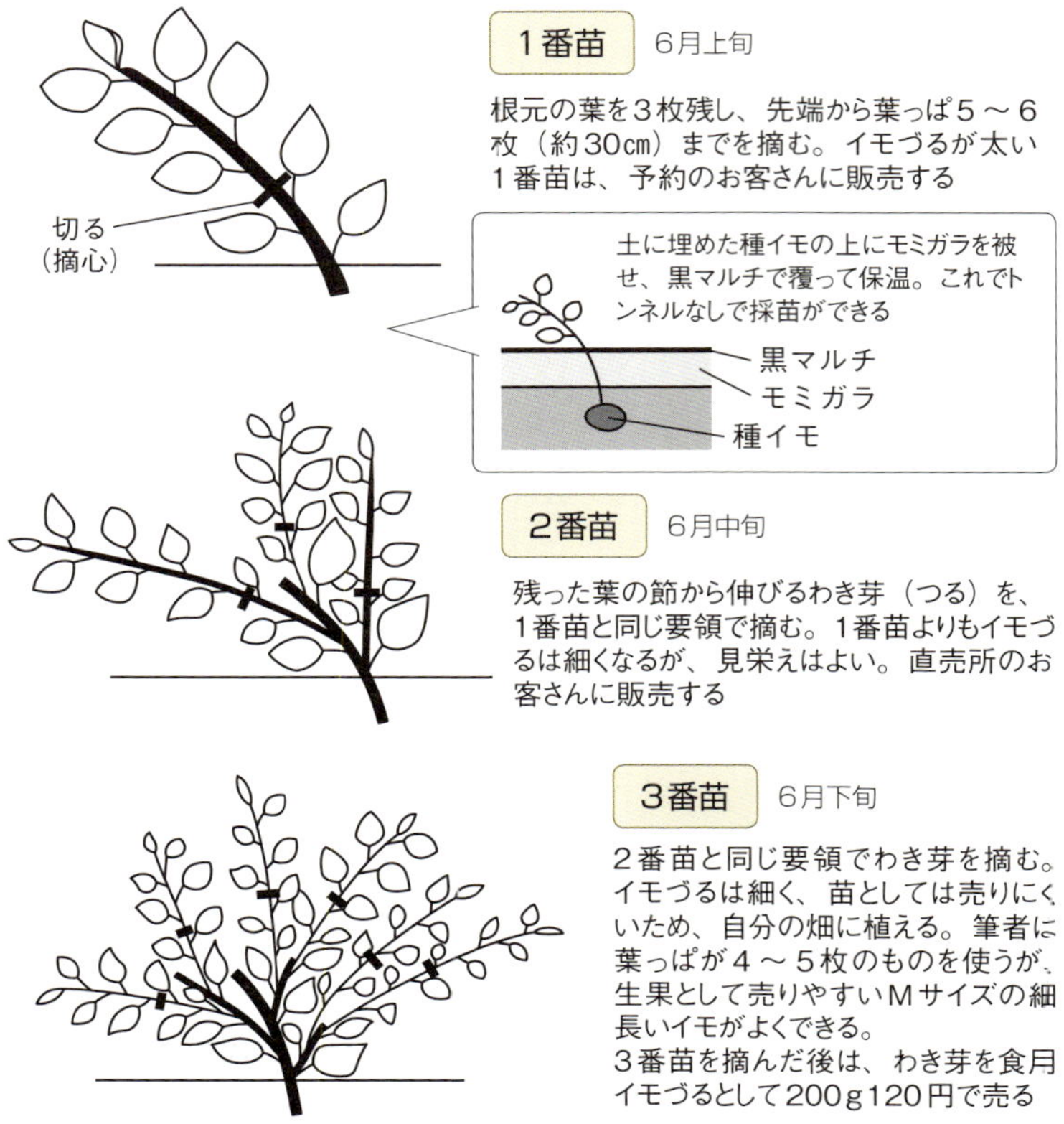

1番苗　6月上旬
根元の葉を３枚残し、先端から葉っぱ５～６枚（約30㎝）までを摘む。イモづるが太い１番苗は、予約のお客さんに販売する
切る（摘心）
土に埋めた種イモの上にモミガラを被せ、黒マルチで覆って保温。これでトンネルなしで採苗ができる
黒マルチ
モミガラ
種イモ
2番苗　6月中旬
残った葉の節から伸びるわき芽（つる）を、１番苗と同じ要領で摘む。１番苗よりもイモづるは細くなるが、見栄えはよい。直売所のお客さんに販売する
3番苗　6月下旬
２番苗と同じ要領でわき芽を摘む。イモづるは細く、苗としては売りにくいため、自分の畑に植える。筆者に葉っぱが４～５枚のものを使うが、生果として売りやすいＭサイズの細長いイモがよくできる。
３番苗を摘んだ後は、わき芽を食用イモづるとして200ｇ120円で売る

サツマイモは三回苗をとる

サツマイモは露地で育苗するので、伏せ込みは四月上旬からだ。一八〇cm幅の黒マルチに合う高さの平ウネをつくり、株間三〇cmの四条植えにする。イモを横にして五cmの深さに植え、その上にモミガラを一〇cmの厚さにかけたあと、黒マルチをかけ裾を土で押さえて密閉する。モミガラをかけるのは高温による芽焼け防止と保温を兼ねてである。マルチの上をところどころ土で押さえるか、パイプ等を置いて、風害から守っている。

一カ月後、マルチの上を軽く手で押さえると、芽がマルチに当たっているのが確認できるので、穴を開けて芽を出す。さらに一カ月ほど育苗し、図のように苗をとる。一番苗は予約の方へ、二番苗は知人、隣人、直売所へ、三〇本六〇〇円で販売する。わが家に植えるサツマイモは三番苗だ。タマネギを収穫した後の畑に植えるので、六月下旬になる。

苗と葉柄で、イモの二倍稼いだ

売り方も少し工夫している。品種によって掘ってすぐでもおいしいもの、一～二カ月以上熟成するとおいしくなるものとある。前者はベニアズマ、後者は安納イモ系、べにはるかといわれる。直売所に出荷されたものを見ると、掘った翌日には棚に並んでいる安

「プライミング」って何のこと？

発芽の一歩手前まで進めてある

袋に「プライミング種子」とか「プライミング済み」などと書いてあるタネが売られている。プライミングというのは、タネを早く均一に発芽させるための処理のこと。

タネの発芽には水分と酸素と温度が必要だが（レタスなど光が必要なタネもある）、発芽にいたるまでには段階がある。まず、シワシワに乾いたタネが水を吸う。次に、十分に吸水して膨らんだら、タネの体内では各種の酵素が働きだして、胚乳や子葉に蓄えられていた養分が分解される。しばらくすると細胞の膨張、分裂が進み、いずれ発根にいたる。

しかし、プライミング種子は水を少しだけ吸わせて、発根の一歩手前の状態で留めてある。すでに発芽のスイッチが入っているので、新たに水と温度が加われば、最初の吸水段階をすっ飛ばして発根、発芽にいたるというわけだ。

催芽処理にはほかにも、タネの大きさを揃えたり、種皮を剥いだり（ネイキッド種子）、傷付けたり、低温・高温管理して休眠打破する方法などもあって、各社はどうも、それらの技術を組み合わせてタネの発芽率を高めているようだ。サカタの「PRIMAX（プライマックス）種子」やタキイの「エクセルプライム種子」、中原採種場の「アップシード種子」など、少し高価だが、発芽揃いがいいプライミング種子は人気がある。

タネの寿命は短くなる

一方、タネが休眠するのは、生育に適さない厳しい環境を乗り越えるため。あらゆるスイッチを切って、静かに生命を維持している状態だ。プライミング種子は人工的にそのスイッチを入れてあるので、通常の種子のように、その後、何年も発芽能力を維持する、ということはできないのだ。

だから市販のプライミング種子は有効期限が半年くらいのことも多い。3カ月程度とより短いものもある。せっかく買った高いタネ。播き時を逃さないようにしたい。

現代農業2018年2月号

定植直前のサツマイモ。品種は安納イモ。葉が4 ～ 5枚の若苗を萎れさせてから定植する。植え付けは、苗の横にある竹を被せるだけ。土はかけない

納イモもある。自分は最低でも一カ月以上経ってから「熟成済」のシールを貼って出荷している。

作付け面積が少ないので他人と同じ価格で売っていたのでは儲からない。直売所で一番高いサツマイモは峠田の安納芋で五〇〇g四〇〇円、べにはるか三五〇円である。

サツマイモでもう一つ儲かるのは、葉柄（食用イモづる）販売だ。三番苗を摘んだ苗床はそのままにしておき、七月下旬から十一月上旬まで、イモづるの葉を摘んで葉柄の長さを揃え、二〇〇gの束にして一二〇円で売る。昨年は、一〇㎡の苗床でつくる苗で八万円、葉柄で四万円になった。サツマイモの青果は、畑の一部に病気が発生して、売り上げは六万円しかなかった。サツマイモはイモ商売ではなく、つる商売のほうが儲かる。

現代農業二〇一七年五月号

本書は『別冊 現代農業』2019年4月号を単行本化したものです。

著者所属は、原則として執筆いただいた当時のままといたしました。

農家が教える
野菜の発芽・育苗　コツと裏ワザ

2019年8月20日　第1刷発行
2023年6月10日　第7刷発行

農文協　編

発行所　一般社団法人　農山漁村文化協会
郵便番号 335-0022 埼玉県戸田市上戸田2-2-2
電話 048(233)9351(営業)　048(233)9355(編集)
FAX 048(299)2812　振替 00120-3-144478
URL https://www.ruralnet.or.jp/

ISBN978-4-540-19132-9　DTP製作／農文協プロダクション
〈検印廃止〉　印刷・製本／凸版印刷㈱
ⓒ農山漁村文化協会 2019
Printed in Japan　定価はカバーに表示
乱丁・落丁本はお取りかえいたします。